宝宝原味辅食大全

史文丽　主编

江苏凤凰科学技术出版社
国家一级出版社　全国百佳图书出版单位

前言
FORWARD

我们大家都知道，在宝宝6个月以前，母乳或配方奶是宝宝的最佳口粮，但随着宝宝一天天长大，消化能力会逐渐提高，单纯母乳已经不能满足宝宝的成长发育需求了。这时，妈妈就要及时给宝宝添加辅食，否则会影响宝宝的健康发育。但无论是对宝宝，还是对妈妈来说，让宝宝顺利接受辅食，不遭罪，还能促进宝宝健康成长，不是一件容易的事情。

宝宝6个月、7~9个月，10~12个月到底该添加什么辅食呢？

究竟怎么做辅食，才能让宝宝吃不厌？

钙铁锌是妈妈们非常关心的微量元素，到底该怎么通过辅食来补？

宝宝怎样吃辅食才能长高个？

辅食怎样做才能让宝宝不感冒？

……

很多宝宝辅食添加过程中遇到的问题，在本书中都会找到详细的解答，你可以根据宝宝的月龄找到合适的辅食食谱，也可以找到让宝宝提高免疫力等功能性食谱和让宝宝不生病等辅助治疗的食谱，给宝宝健康、快乐成长提供全方位的饮食指导。

书中海量的宝宝食谱，还加入了“食材新做法”小栏目，将一些食材通过不同的处理方法，让宝宝更喜欢这种食物，且营养不减，对宝宝的健康成长非常有好处。

此外，书中引入了手抓食物的概念，锻炼了宝宝的咀嚼能力，培养了对食物的兴趣，还锻炼了宝宝的手到嘴的协调能力，还能让宝宝参与到吃饭过程中，体会吃饭的快乐。

本书将6个月至1岁宝宝的辅食添加进行了超细致的划分，食谱丰富，让妈妈们做辅食不再单调，得心应手，从此不再为宝宝的饭饭而发愁了！

家常食材巧做辅食速查

小米

（6个月以上宝宝）

呵护宝宝娇嫩的脾胃

1. 煮小米粥时不宜放碱
2. 搭配其他食材营养更丰富

红薯小米粥/92页

胡萝卜小米粥/112页

土豆

（6个月以上宝宝）

能抗病毒的家常食材

1. 土豆捣成泥，营养全
2. 消化不良的宝宝不宜食用

牛肉番茄土豆泥/77页

油菜洋葱土豆粥/152页

菠菜

（6个月以上宝宝）

补铁的优质佳蔬

1. 焯烫后食用
2. 不宜频繁食用

菠菜鸡肝泥/162页

菠菜瘦肉粥/140页

南瓜

（6个月以上宝宝）

保护宝宝视力的卫士

1. 不要过量喂食
2. 不能搭配红薯食用

南瓜汁/70页

南瓜大米粥/91页

胡萝卜

（6个月以上宝宝）

营养全面的“小人参”

1. 熟吃营养更全面
2. 不可过量食用

胡萝卜汁/70页

南瓜胡萝卜粥/143页

西蓝花

（6个月以上宝宝）

增强血管弹性的优质蔬菜

1. 避免食用西蓝花的茎部
2. 胃肠功能不好的宝宝少食

圆白菜西蓝花粥/97页

香菇西蓝花牛肉粥/226页

苹果

（6个月以上宝宝）

增强宝宝记忆力之果

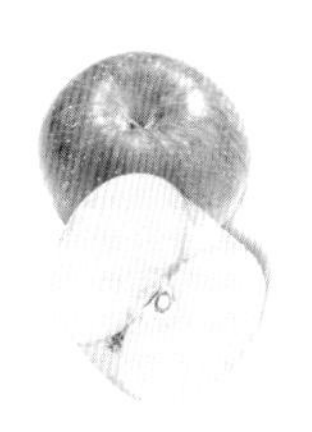

1. 不宜在饭后立即食用
2. 苹果汁加温后喂食宝宝

山药苹果泥/76页

苹果金团/169页

香蕉

（6个月以上宝宝）

润肠通便的“开心果”

1. 香蕉和牛奶搭配，营养全面
2. 腹泻宝宝不宜食用

香蕉粥/104页

香蕉玉米汁/172页

猪肉

（6个月以上宝宝）

补虚强身的最佳肉类

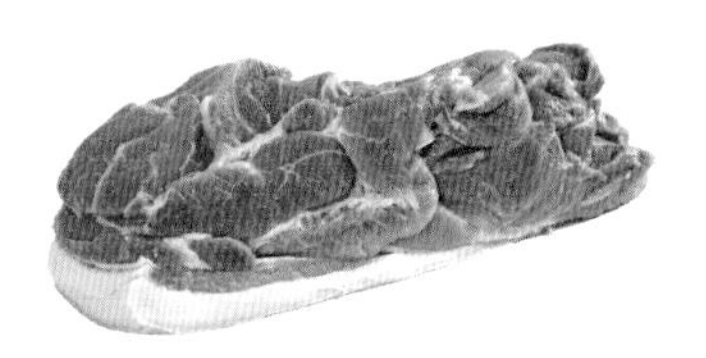

1. 适宜蒸、煮、焖、煲等方法
2. 不要和豆类搭配食用

肉泥/48页

莲藕猪肉粥/141页

牛肉

（6个月以上宝宝）

强壮宝宝身体的优良肉类

1. 炖煮软烂营养流失少
2. 肝炎、肾炎宝宝不宜食用

牛肉蔬菜粥/138页

牛肉蓉粥/146页

鳕鱼

（6个月以上宝宝）

健脑益智的最佳鱼肉

1. 以冷冻形式的为佳
2. 忌与含亚硝酸盐的食物同食

鱼肉羹/79页

薯泥鱼肉羹/80页

海带

（7个月以上宝宝）

宝宝摄取钙、碘的宝库

1. 烹调前泡泡去盐
2. 胃肠不好宝宝不宜食用

海带黄瓜饭/159页

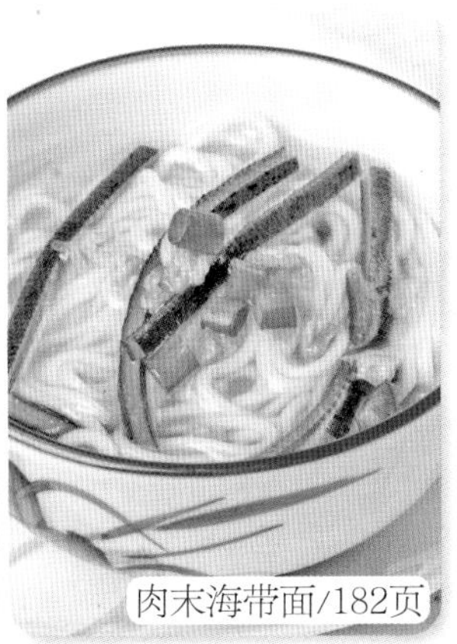

肉末海带面/182页

红枣

（7个月以上宝宝）

宝宝补血的“小红果”

1. 要去枣皮喂食宝宝
2. 不宜过量食用

红枣核桃米糊/111页

燕麦木瓜红枣羹/218页

燕麦

（8个月以上宝宝）

提供多种必需氨基酸

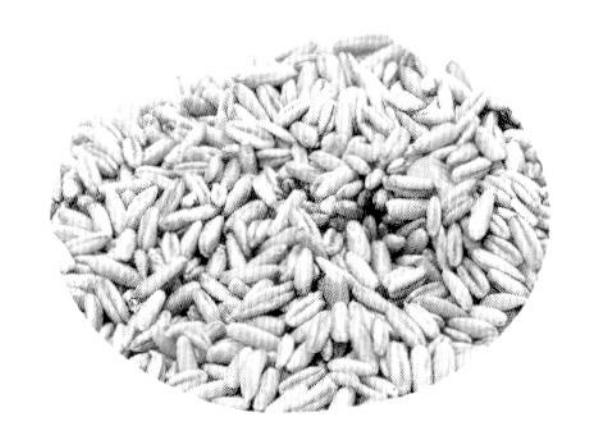

1. 用温水浸泡后再煮
2. 不宜一次吃太多

燕麦南瓜粥/96页

玉米燕麦猪肝粥/142页

黄豆

（8个月以上宝宝）

保护宝宝心血管的最佳豆类

1. 适合榨成豆浆，或做成豆腐
2. 不宜吃未完全熟的黄豆

南瓜黄豆粥/144页

黄豆玉米饭/158页

豆腐

（8个月以上宝宝）

营养丰富的“植物肉”

1. 蒸食营养价值高
2. 腹泻的宝宝不宜食用

豆腐羹/114页

油菜蒸豆腐/118页

香菇

（8个月以上宝宝）

增强宝宝免疫力

1. 适宜蒸、焖、炖等方法
2. 脾胃寒的宝宝不宜吃

双菇烩蛋黄/161页

香菇疙瘩汤/225页

猪肝

（8个月以上宝宝）

补肝明目的最佳选择

1. 适宜现切现做
2. 每次以20~30克为宜

猪肝蛋黄粥/103页

猪肝瘦肉粥/185页

鸡蛋黄

（8个月以上宝宝）

物美价廉的宝宝“营养库”

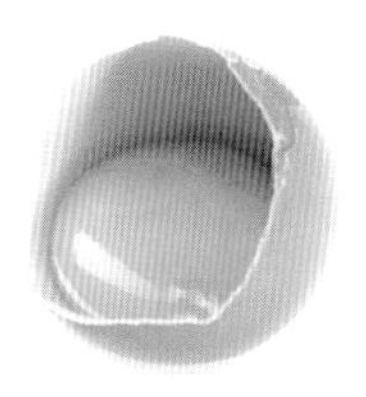

1. 蛋黄每日不要超过1个
2. 宝宝发热时不宜吃鸡蛋黄

番茄蛋黄粥/98页

蛋黄泥/122页

核桃

（8个月以上宝宝）

健脑益智的佳果

1. 核桃浆煮沸晾凉后喂食宝宝
2. 每天不宜超过1个核桃

黑芝麻核桃粥/100页

黑米核桃糊/116页

黑芝麻

（9个月以上宝宝）

宝宝乌发护发的佳品

1. 碾碎后食用更容易消化
2. 大便溏泄宝宝不宜食用

黑芝麻小米粥/105页

香蕉黑芝麻糊/111页

玉米

（10个月以上宝宝）

促进大脑发育的“黄金米”

1. 煮熟后打碎给宝宝食用
2. 不宜作为主食

鲜玉米糊/65页

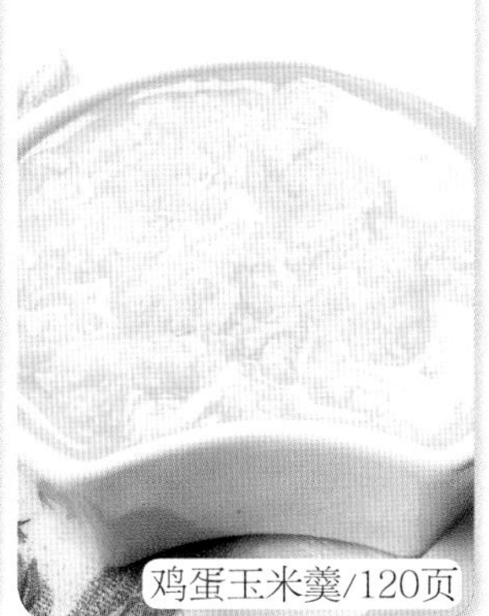

鸡蛋玉米羹/120页

洋葱

（10个月以上宝宝）

防感冒，促成长

1. 不要丢掉洋葱外层
2. 不宜过量食用
3. 最好吃熟的洋葱

小白菜洋葱土豆粥/102页

芹菜洋葱蛋花汤/124页

番茄

（10个月以上宝宝）

宝宝酸甜的开胃果

1. 快速炒熟，防止营养素流失
2. 去皮食用，防止宝宝卡住

番茄鱼糊/164页

番茄鳜鱼泥/178页

目录 CONTENTS

Part 1 辅食这样添加，宝宝才健康

巧用器具让妈妈更放心

原味辅食才是最好的辅食

从现在开始培养良好的进餐习惯

这么喂辅食，宝宝就是爱吃

远离辅食喂养 7 大误区

营养专家解答辅食添加过程中常见疑惑

手抓食物，让宝宝爱上自己吃饭

Part 2

巧做辅食，妈妈省力又省心

Part 3

6 个月宝宝，可以吃泥状辅食了

Part 4

7~9 个月宝宝，可以吃末状辅食了

Part 5

10~12 个月宝宝，可以吃碎状、丁块状、指状辅食了

Part 6

特效功能食谱，吃出宝宝好身体

补锌

补钙

补铁

让宝宝增强抵抗力

让宝宝长高个

让宝宝变聪明

让宝宝视力好

让宝宝头发乌黑浓密

让宝宝睡得香

让宝宝肺好，呼吸畅

让宝宝开胃

让宝宝不上火

让宝宝不感冒

让宝宝不便秘

让宝宝不腹泻

让宝宝不过胖

附录：0~1岁宝宝体检全攻略

辅食添加的时间

辅食添加的顺序

安全餐具让宝宝更健康

Part 1

辅食这样添加，宝宝才健康

世界卫生组织建议，宝宝6个月后开始添加辅食，所以妈妈有必要掌握一些辅食添加的基础知识，这样容易让宝宝顺利接受辅食，且解决辅食添加过程中遇到的问题。只有宝宝吃得好，才能为身体的健康成长提供营养保证，妈妈才安心。

添加辅食的最佳时间：4个月还是6个月

宝宝多大时应该添加辅食，是很多家长头疼的问题——添加晚了，怕耽误孩子的健康成长；添加早了，又怕孩子太小，身体还没做好接受辅食的准备。有人说，最好的辅食添加时间是6个月，也有人说是4个月，还有人说是4~6个月，到底哪个说法才是正确的？

世界卫生组织和我国卫生部建议：6个月

世界卫生组织（WHO）指出：从出生到6个月对婴儿进行纯母乳喂养有利于宝宝的生长、发育和健康。6个月后，为满足不断发展的营养需要，婴儿应获得营养充足和安全的辅食。同时继续母乳喂养至两岁或两岁以上。

我国卫生部印发的《儿童喂养与营养指导技术规范》中提到：随着生长发育，消化能力逐渐提高，单纯乳类喂养不能完全满足6月龄后婴儿生长发育的需求，婴儿需要由纯乳类的液体食物向固体食物逐渐转换，这个过程称为辅食添加（也称“食物转换”）。建议开始引入非乳类泥糊状食物的月龄为6月龄，不早于4月龄。

过早添加辅食的危害（在6个月以内）

1.因辅食的添加减少了母乳的摄入，难以保证婴儿的营养需要。

2.因给予的辅食过稀而导致营养素不足。

3.因缺乏母乳中的保护因子而增加患病风险。

4.因辅食加工存在被污染的风险。

5.因辅食难以消化而增加腹泻危险。

6.因婴儿不能很好地消化吸收辅食，而增加过敏性疾病的风险。

过晚添加辅食的危害

1.婴儿没有得到满足其生长发育的全部营养。

2.婴儿可能得不到足够的营养素，发生营养不良和营养缺乏的情况，如因缺铁导致贫血。

3.婴儿生长发育减缓。

宝宝想吃辅食的几大信号

虽然6个月是权威机构推荐的宝宝辅食添加最佳时机，但因为每个宝宝的成长水平不一样，所以也不能简单的“一刀切”。宝宝的月龄在4~6个月时，父母就要注意观察，如果宝宝发出了以下信号，则说明可以添加辅食了。

■ 体重不低于6.5千克

一般来说，宝宝在4月龄时体重会超过6千克，而体重的水平和宝宝消化能力等身体发育指标是密切相关的。体重不达标，说明宝宝的肠功能可能也未达标，引入辅食容易引起过敏反应。所以，最好在宝宝体重超过6.5千克，消化器官和肠功能成熟到一定程度后，再开始添加辅食。

■ 在大人的帮助下可以坐起来

最初的辅食一般是流质的，不能躺着喂，否则有堵住宝宝气道的危险。所以，只有在宝宝能保持坐位的情况下才能添加（最起码在抱着宝宝时，宝宝可以挺起头和脖子，保持上半身的直立）。当宝宝想要食物的时候，会前倾身体，不想吃的时候身体会想后靠。

■ 看见大人吃东西，会口水直流

随着消化酶的活跃，在第6个月，宝宝的消化功能逐渐发达，唾液的分泌量会不断增加。这个时期的宝宝会突然对食物感兴趣，看到大人吃东西时，会专注地看，自己也会张嘴或朝着食物倾身。

■ 放入嘴里的勺子，宝宝不会用舌推出

在宝宝很小的时候，会存在一种“伸舌反射”，也就是会将进入口腔的液体以外的异物用舌头推出来，以保护自己不会被异物呛到，防止呼吸困难。伸舌反射一般消失于脖子能挺起的6个月前后，这时用勺子把食物放进宝宝口中，宝宝才不会用舌推掉，顺利地把食物从口腔前部转移到后部，完成吞咽。

■ 需奶量变大，喝奶时间间隔变短

如果宝宝一天之内能喝掉至少900~1000克配方奶粉，或至少要喝8~10次母乳（并且喝光两边乳汁后还要喝），则说明在一定程度上，奶中所含的能量不能满足宝宝的需要，这时就可以考虑添加辅食。

吃好辅食，对宝宝的未来很重要

对6个月以内的宝宝来说，母乳是最佳的选择。而对6个月以后的宝宝来说，吃好辅食就变得更重要。因为此时母乳所提供的营养物质已经不能满足宝宝身体快速发育所需了，且吸吮反射逐渐被吞咽反射所取代，所以宝宝必须添加辅食，才能有利于身体的健康成长。此外，妈妈可以通过给宝宝制作辅食、喂辅食，充分表达自己对宝宝的爱，增进母子之间的感情。

补充宝宝成长需要的全方位营养

宝宝过了6个月，从母体中带来的营养储备基本消耗殆尽了，随着宝宝逐渐长大，对各种营养素需求也不断增加，为了保证宝宝身体的正常

妈妈要学会尊重宝宝的进食速度，因为宝宝进食需要口腔和咀嚼能力的配合，所以进辅食的次数和分量要慢慢增加，进食的速度也不要太快，这样有利于宝宝顺利添加辅食。

发育需要，应该及时给宝宝添加辅食。此外，宝宝的唾液淀粉酶和肠胃道消化酶的分泌也明显增加了，导致宝宝消化能力增强，这样就可以消化乳类以外的其他食物了，因此，添加必要的辅食能补充母乳或配方奶中不足的营养成分。

锻炼宝宝的咀嚼能力

母乳或配方奶都是液态的食物，基本不需要咀嚼，这样宝宝的咀嚼功能就得不到锻炼，及时添加辅食，可以提升宝宝的咀嚼功能，这样可以为以后吃饭打下良好的基础。另外，随着宝宝的长大，齿龈的黏膜变得坚硬起来，这样宝宝会用齿龈或牙齿去咀嚼一些食物，所以，及时添加辅食有利于宝宝牙齿的长出。

促进宝宝的肠道发育

宝宝的肠道正处于发育中，到6个月时，液态奶已经不能刺激肠道了，这时增加不同形状的辅食能有效刺激肠道发育。不同形状的辅食对肠道刺激是不同的，只有肠道发育成熟了，才能吸收更多的营养物质，才能满足宝宝生长发育所需的各种营养物质。所以，适时添加辅食有利于宝宝肠道的发育。

帮助宝宝探索新世界

辅食添加的过程中，宝宝的眼、耳、鼻、舌等器官都受到刺激，体验辅食可以说是宝宝探索世界的开始。

视觉：不同颜色、形态的辅食，刺激了宝宝对色彩和形状的认识。

嗅觉：许多宝宝出生不久就能够分辨母乳的味道，这是因为宝宝有着灵敏的嗅觉。不同的食物，提供给宝宝不同的气味体验。

味觉：宝宝总喜欢把手里的东西往嘴巴里放，这是味觉发育的需要。让宝宝尝试各种各样的味道，能刺激味蕾的逐渐发育形成。

触觉：宝宝用嘴触及不同质地的食物，从而可以感受到食物的软硬程度。

辅食添加7大基本原则

每个宝宝的发育情况不同，每个家庭的饮食习惯也有很大的差异，所以给宝宝添加辅食的种类、数量也是不同。但总体来说，宝宝辅食添加应该遵循以下原则：

■ 适时添加

过早给宝宝添加辅食，会导致宝宝腹泻、呕吐，伤及娇嫩的脾胃；过晚给宝宝添加辅食，会造成宝宝营养不良，甚至拒绝辅食。所以，根据宝宝的身体情况，适时添加辅食非常重要。

■ 由一种到多种

宝宝刚开始添加辅食时，要先添加一种食物，等这种食物习惯后，再添加另一种食物。每一种食物需适应一周左右，这样做的好处是如果宝宝对食物过敏，能及时发现并找出引起过敏的食物。

■ 由少到多

给宝宝添加一种新的食物，必须先从少量开始喂起。父母需要比平时更仔细地观察宝宝，如果宝宝没有什么不良反应，再逐渐增加一些。拿添加蛋黄来说，应从1/4个开始，如果宝宝能够耐受，1/4的量保持几天后再加到1/3，然后逐渐加到1/2、3/4，最后为整个蛋黄。

■ 由稀到稠

辅食添加初期给宝宝吃一些容易消化的、水分较多的流质，然后慢慢过渡到各种泥状辅食，最后添加柔软的固体食物。

■ 由细到粗

给宝宝添加辅食时，可以先添加一些糊状、泥状辅食，然后添加末状、碎状、丁状、指状辅食，最后接近成人辅食形态。

低糖无盐

0~1岁宝宝肾脏功能尚未完善，摄入盐分和糖分会加重宝宝肾脏的负担，所以宝宝辅食要清淡，尽量体现食材天然的味道。

心情愉快

给宝宝添加辅食时，应该营造一种安静、干净的氛围，且有固定的场所和餐具，最好选择宝宝心情愉快的时候添加辅食，这样有利于宝宝接受辅食。如果宝宝身体不适时，应该停止喂食，等身体好了再喂。

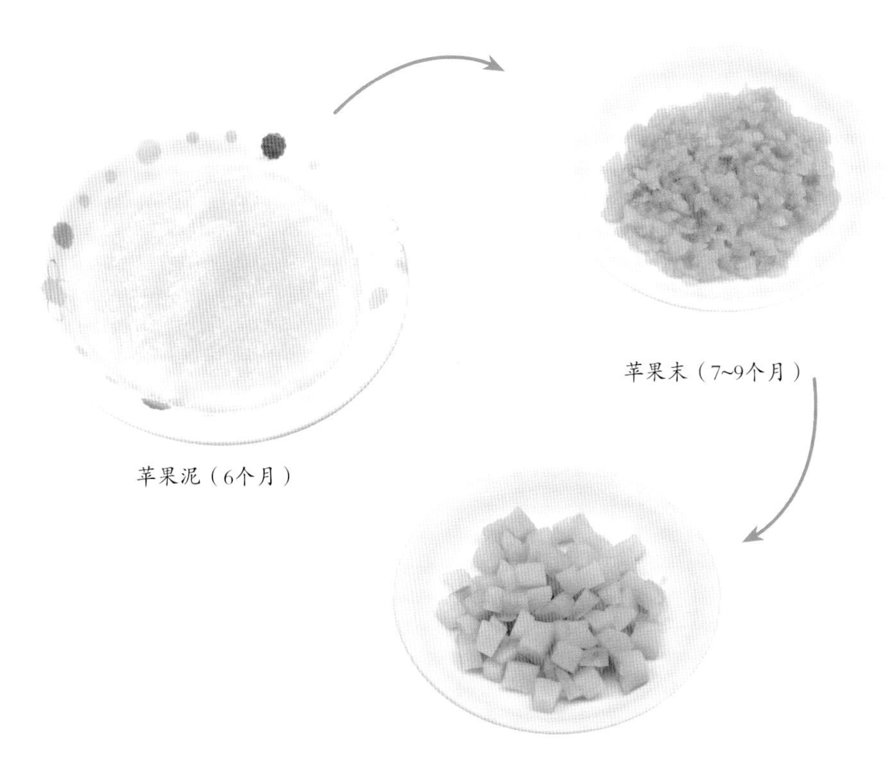

苹果泥（6个月）

苹果末（7~9个月）

5毫米苹果丁（10~12个月）

宝宝月龄不同，辅食添加的形状是不同的，以苹果添加为例，具体添加形状如上图。

最好的第一口辅食：婴儿营养米粉

马上要给宝宝添加辅食了，选择什么作为孩子第一种辅食最好呢？是鸡蛋黄，还是蔬菜泥？其实，婴儿营养米粉才是宝宝第一辅食。但是它既不是方便粉，也不是半成品，那么究竟什么是婴儿营养米粉？

婴儿营养米粉指通过现代工艺，以大米为主要原料，以蔬菜、水果、蛋类、肉类等食物为选择性辅料，并均衡地添加了宝宝生长必需的多种营养素，包括足够的蛋白质、脂肪、纤维素、DHA（中文名：二十二碳六烯酸）、钙、铁等多种营养元素，混合加工的婴儿辅食。

如何选购婴儿营养米粉

选择分类	选择原因
看品牌	应该尽量选择规模较大、产品质量和服务质量较好的企业产品，因为这些企业技术力量雄厚，产品配方设计较为科学、合理，对原材料和生产工艺要求比较高，这样产品质量有一定的保证
标签是否完整	按国家标准规定，在外包装上必须标明厂名、厂址、生产日期、保质期、执行标准、商标、净含量、配料表、营养成分表及食用方法等项目，若缺少上述任何一项最好不要购买
营养元素是否全面	看外包装上的营养成分表中营养成分是否全面，含量比例是否合理。营养成分中除了表明热量、蛋白质、脂肪、碳水化合物等基本营养成分外，还会标注一些钙、铁、维生素D等营养成分
看一些说明性文字	看产品包装说明，如婴儿米粉应明示有“婴儿最理想的食品是母乳，在母乳不足或无母乳时可食用本产品；6个月以上婴儿食用本产品时，应配合添加辅助食品”。而断奶期配方米粉，还应注明“断奶期配方食品”或“断奶期补充食品”等。这些声明妈妈们也要仔细看一下是否适合自己宝宝食用
看色泽和气味	质量好的婴儿米粉应该是白色、均匀一致，有米粉的香气
看米粉的结构和冲调性	要选择颗粒精细的，容易被宝宝消化吸收。此外，还要知道好的米粉的组织结构和冲调性，一般认为粉状和块状、无结状比较好

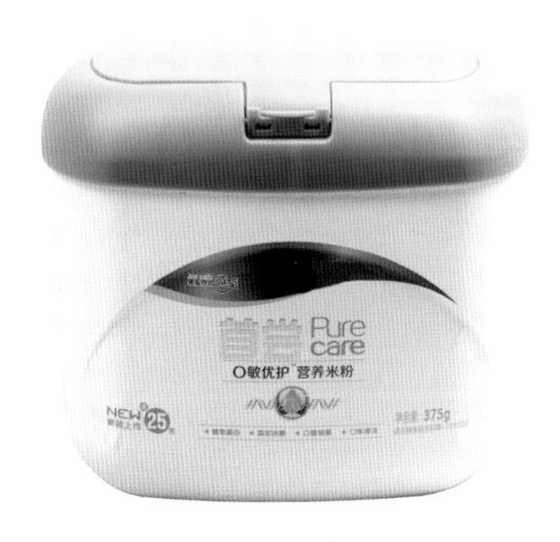

父母给宝宝选择婴儿米粉时，要注意婴儿米粉的营养成分，选择适合自己宝宝的米粉，才能促进宝宝的健康发育，否则会阻碍宝宝的成长。

婴儿营养米粉的科学喂养

米粉最好白天喂奶前添加，上午、下午各一次，每次两勺干粉（奶粉罐内的小勺），用温水调和成糊状，喂奶前用小勺喂给宝宝。每次米粉喂完后，立即用母乳喂养或配方奶喂饱宝宝。妈妈们必须记住，每次进食都要让宝宝吃饱，使宝宝的进食规律，不会形成少量多餐的习惯。在宝宝吃辅食后，再给宝宝提供奶，直到宝宝不喝为止。当然如果宝宝吃辅食后，不再喝奶，就说明宝宝已经吃饱了。宝宝耐受这个量后，可逐渐增加米粉。宝宝能够耐受米粉2~3 周后，可以加上少许菜泥。

自制健康婴儿米粉

材料：大米50克。

做法：

1. 用研磨机将大米研成粉末状，越细越好。

2. 锅置火上，放入适量水烧开，加入米粉，改小火，煮10分钟，其间要一直不停地顺着一个方向搅拌米粉至黏稠即可。

喂养日记

可以根据宝宝口味加入山药泥、南瓜泥、胡萝卜泥或者青菜泥等一起搅拌，这样的自制米粉又新鲜又保证营养，做法还简单。

辅食吃多少，家长别强求

经常会听到一些家长说，自己的宝宝怎么没有别人家宝宝吃得多，怎么办？其实，辅食的量是由宝宝自身决定的，家长应该尊重宝宝的自我调控能力，如果每次宝宝都能将给他准备的辅食吃完，同时没有呕吐、便秘、腹泻等不适症状，家长就可以逐渐增加宝宝辅食的量。由此可知，父母只要把握好一个度：辅食添加尊重宝宝食量最好，吃多了不限制，吃少了不强制，这样有利于增强宝宝对辅食的兴趣。

■ 关注宝宝进食进程

父母与其花费时间去关注宝宝的食量，还不如多加关注宝宝进食过程，因为这个不仅决定进食量，还决定宝宝将来的行为发育。父母如果哄骗、强迫宝宝进食，既不利于宝宝对辅食营养的吸收，还会诱导宝宝出现异常行为，如撒谎、暴力等。所以良好的进食过程对宝宝的一生健康发育都非常重要。父母可以通过改变辅食的种类和花样，引导宝宝吃，引导宝宝养成规律的进食习惯，这些是父母应该重点关注的事情。

■ 体会“饥”和“饱”的感觉

父母要让宝宝体会“饥”和“饱”的感觉，这样可以方便父母了解宝宝进食规律，为更好地给宝宝添加辅食提供依据，而不是根据道听途说听来的进食规律。因为即使正常的宝宝，每次进食也可能有20%的偏差，所以尊重宝宝的食量最好。

此外，关于宝宝两次进食间隔时间和每日进食次数也要根据自己的孩子情况决定，只要宝宝进食过程顺利，父母就不要调控宝宝进食的数量；如果宝宝大便有些食材颗粒，那么做辅食就要做得再细一些，如果大便增多，可适量少喂些，最重要的是保证宝宝正常发育就好。

选对辅食添加时机，事半功倍

选对辅食添加的时间，不仅能让宝宝更容易接受辅食，还能促进生长发育。那么，到底什么时间给宝宝喂辅食更容易被宝宝接受呢？喂奶前？喂奶后？状态好时？状态不好时？别急，看看下面就知道了。需要注意的是，添加辅食后，宝宝原来的喝奶时间和喝奶次数不要改变，奶的摄入量也不要减少。

宝宝状态好时

吃母乳或配方奶以外的食物对宝宝来说是一种锻炼。当宝宝出现感冒等疾病、接种疫苗前后或状态不好时，应该避免喂辅食。

在宝宝的消化状态良好、吃奶时间也比较有规律时开始喂辅食，成功的概率会比较高。开始喂辅食的第一个月，上午10点是喂辅食的最佳时间，这是宝宝吃完一次奶并经过一段时间，吃下一次奶之前，心情比较稳定且感到一丝饿的时候。

两次喂奶间

宝宝在吃完奶后，很有可能拒绝辅食。所以，辅食应在两次吃奶间进行。虽然已经开始添加辅食，但不能忽视授乳，特别在6个月时，辅食的摄入量非常少，大部分脂肪还是来自于母乳或配方奶，因此喂完辅食后应用母乳或配方奶喂饱宝宝。

妈妈为宝宝制作辅食时，可以增加一些创意，这样既可以为宝宝提供均衡的营养，还能增强宝宝的食欲。

喂养好不好，要看生长曲线

父母给宝宝添加辅食以后，经常关注的是宝宝每顿吃了多少，与其他宝宝比身体和智力的发育情况，往往会忽略添加辅食后的效果。其实，父母给孩子添加辅食的目的是促进宝宝的健康成长，饮食结构逐渐接近成人。事实上，判断宝宝辅食添加效果的最重要的标准是“生长数据”。

男宝宝标准身长、体重曲线图

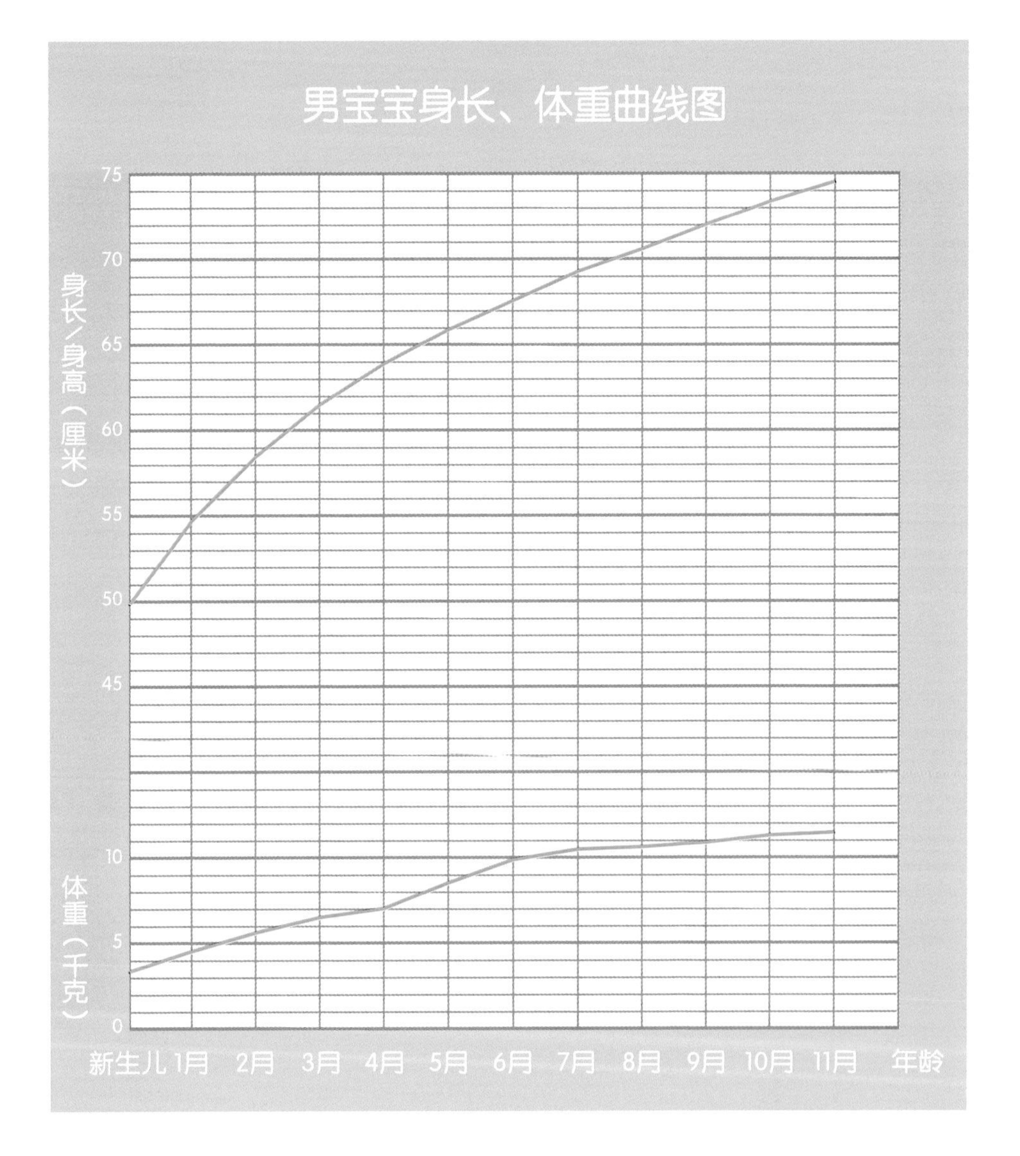

女宝宝标准身长、体重曲线图

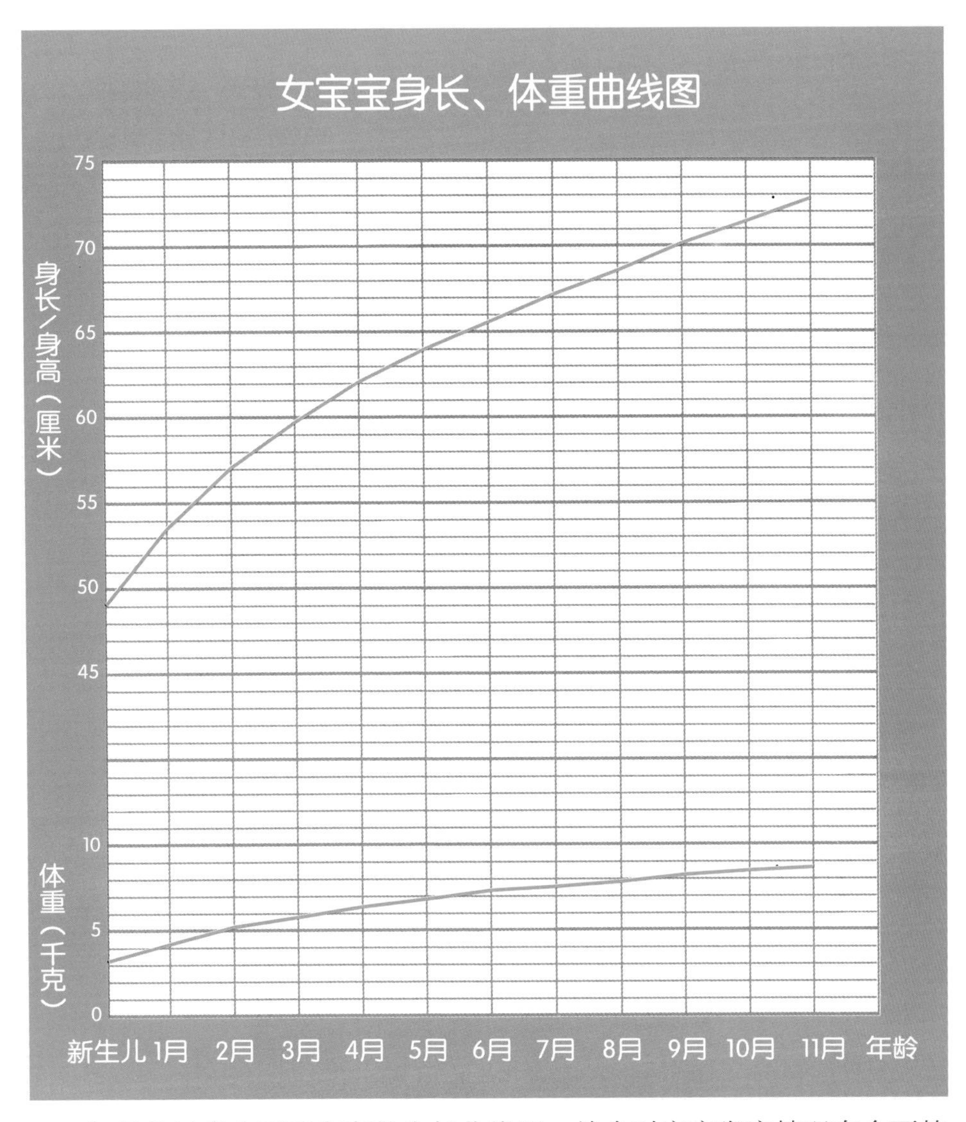

如果父母学会了看宝宝的生长曲线图，就会对宝宝发育情况有全面的了解，也能反应父母喂养宝宝是否合理。

以8个月女宝宝为例，如果到8个月底，女宝宝的体重约8千克，身高约68.7厘米，说明宝宝生长发育正常，喂养合理。如果女宝宝的体重、身高偏离太多，说明宝宝的发育或迟缓或增速，喂养也不合理。这时，父母为了宝宝的健康发育，就要及时关注宝宝的辅食添加是否合理，如果有问题就要及时纠正，避免造成严重后果。

所以，父母可以根据宝宝生长发育曲线来判断宝宝添加辅食的效果如何。

6~12月龄婴儿平衡膳食宝塔

6个月以后的宝宝逐渐增加辅食，到12个月时，可达到如下种类和数量：

谷类每日100~110克
蔬菜每日40~50克
水果每日40~50克
蛋黄每日蒸蛋1个
肉类每日30~40克
烹调油每日8~10克
水量每日400~600克

奶与辅食比例：2∶8
每天辅食次数：3次
奶量：600~800毫升

继续母乳喂养

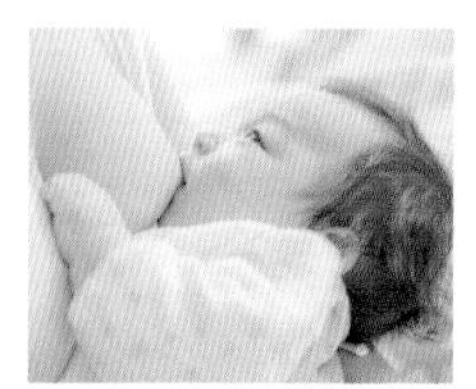

巧用器具让妈妈更放心

■ 温感勺——不再怕烫到宝宝

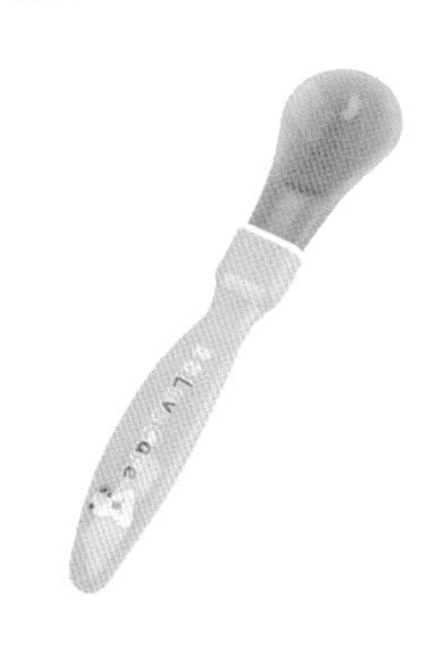

温感匙羹采用高品质PP材料制造，高温下也不会释放有毒物质，专为宝宝设计，具备感温功能。当食物温度超过43℃时，勺子前端部分将由原有颜色变为白色；当食物温度低于43℃时，前端部分会逐步恢复到原有颜色，表明此时温度合适，不会烫到宝宝。

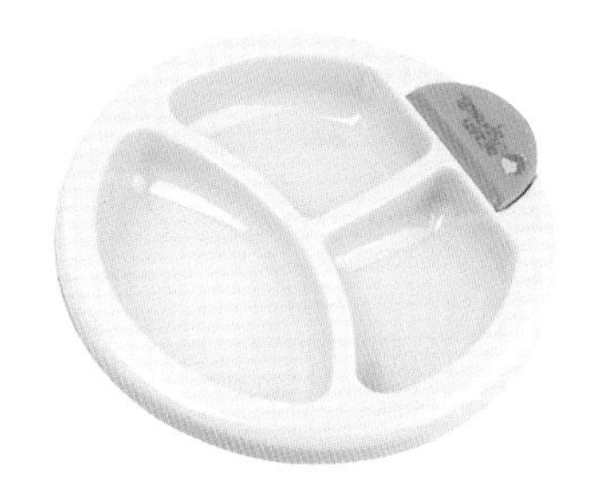

■ 保温餐盘——让宝宝的饭菜不变凉

盘子是空心设计，盘边有可打开的入水口，将温水装入后盛装宝宝的食物后，可以靠水的温度来保持食物的温度。即使吃饭的时候宝宝顽皮好动，吃饭时间长，饭菜也不容易凉。温热的食物有益于宝宝的脾胃健康。

■ 带盖吸盘碗——将碗牢牢吸在桌面上

这种碗底座设计有吸盘，能将碗牢牢地吸附在桌面上，避免了能自己吃饭的宝宝容易将碗内的食物倾倒的问题。另外，碗上带有防热手柄及独立的密封盖，便于存储和携带宝宝的食物。

■ 防碎屑围嘴——兜住从宝宝嘴里漏下的食物

这款围嘴采用人体工程学设计，完美贴合宝宝。柔软舒适的围嘴可接住从宝宝嘴里漏下的食物。颈带为柔软的串珠环，并带有可调节按扣。而且清洗只需要用清水冲洗即可。

原味辅食才是最好的辅食

生活中，很多妈妈为了让宝宝多吃辅食，会在制作辅食时加一些甜味剂或者调料，殊不知，正处于快速发育阶段的宝宝味蕾是非常脆弱的，受到这些过重味觉的刺激反而会伤害宝宝的味蕾。

婴幼儿时期是味蕾发育和口味偏爱形成的关键时期。其实，从宝宝出生时就有味觉能力，而6~12个月是宝宝的味觉发育最为灵敏时期，宝宝也想尝试不同的味道。所以，在这个阶段，最好让宝宝去尝试各种食物的原味，会对宝宝一生的健康有良好的影响。所以，对于父母来说，打一场漂亮的味蕾保卫战尤为重要。

多食用天然食物

天然食物包括谷类、蔬果、肉类、豆类及其制品和干果类。摄取均衡，就能满足宝宝成长所需的营养，促进宝宝的健康成长。但这些食物大多味道清淡，只有宝宝细嚼慢咽的时候才能体会其中的美味，可以给宝宝的味蕾带来温和的刺激，帮助宝宝味蕾的形成，并养成良好的饮食习惯。

父母需要这么做

逐步引入天然食物

一般来说，宝宝6个月以后开始添加辅食，妈妈可以给宝宝制作米粉、米汤、蔬菜泥、水果泥、鱼泥等辅食，但不要添加任何调味料，原汁原味对宝宝来说也是一种美味。此外，这些食物之间的细微差别，宝宝可以通过敏感的味蕾自己获得感知。

给宝宝食用尽可能多的食物种类

研究显示：在宝宝小时候接触更多的食物种类，可以降低宝宝偏食的可能性。但当宝宝对某些食物产生抗拒时，父母可以通过改变食物的形态等方式，尽量让宝宝有机会尝试这些食物，且最终接受。

避免非健康的制作方式

天然的食物，用不健康的制作方式给宝宝吃，结果肯定会伤害宝宝的味蕾，如油炸、烧烤等方式，损坏了食物的营养价值，并变成了高脂肪、高油的食物，虽然宝宝喜欢吃，却让宝宝的味蕾开始排斥真正天然的食物，进而形成不健康的饮食习惯。

拒绝零食和快餐

零食是所有宝宝的最爱，虽然味道鲜美，但缺乏营养，且添加剂过多，不管是从营养价值还是味蕾的保护上，都不适合宝宝食用。

快餐的出现，为大家提供了一个简单快速的膳食选择，但快餐中含油、盐和糖都比较高，都会对宝宝味蕾造成巨大的刺激，所以0~1岁宝宝最好不要吃。

父母需要这么做

清除家中零食

妈妈应该将家中的零食，如饼干、薯片、糖果等彻底清除出去，让宝宝饥饿时，只能选择天然食物。如果宝宝非要吃零食，父母可以和宝宝规定吃零食的次数和频率，逐渐减少零食的量。此外，家里尽量不要存贮零食。

慎用零食作为奖励

很多妈妈会用零食作为宝宝的奖励，如薯条等，这样的事情，偶尔几次没有问题，但时间长了就会影响宝宝味蕾的发育，导致不能尝出食物的天然味道，从而影响宝宝的科学饮食习惯的形成。

少放调味料

有些妈妈为了让宝宝更喜欢吃辅食，就在制作时加些调味料，结果妨碍了宝宝品尝和享受食物的天然味道，味蕾记住了调味料的味道，时间长了，就会对没有调味料的天然食物不感兴趣。此外，宝宝肾脏功能并未发育完全，对调味料代谢不足，辅食中多加调味料会给宝宝肾脏造成负担。

父母需要这么做

少用调味料

6~12个月宝宝的辅食是不需要添加调味料的，因为天然食物当中含有的盐分完全能满足宝宝身体的需要。

少用隐性调味料

像香肠、火腿、海苔等加工食物，在制作过程中都会加入大量的盐或味精，如果妈妈在制作辅食将这些食物当成主料，那么其中大量的盐或者味精，就会远远超过宝宝的需要量，所以尽量少吃，甚至不吃。

利用食材本身的味道

如果担心宝宝食物过淡，可以利用一些食材本身的味道，比如苹果比较甜，可以在给宝宝做蔬菜汁时，加点苹果，这样既增加了味道，还不至于摄入过多的糖分，是一个非常好的方法。

从现在开始培养良好的进餐习惯

宝宝好的饮食习惯要从小就抓起。合理的饮食习惯是宝宝身体健康成长的保证。

养成定时、定量习惯

1. 父母要合理安排每天宝宝进餐次数、时间、进餐量，养成规律的进餐习惯。到了吃辅食的时间，就让宝宝进食，但不必强迫，顺其自然，但当宝宝吃得好时，要及时表扬。

2. 进食量由宝宝做主。因为每个宝宝发育情况不同，进食量有差别，不能老是拿别人宝宝的量来评定自己宝宝的进食量。此外，要纠正强迫喂养方法，因为这样会让宝宝降低食欲，导致宝宝出现厌食的情况。

宝宝没有很强的时间概念，且肠胃功能没有养成定时进餐的习惯，所以，父母应该避免在宝宝玩得正高兴的时候，强迫宝宝进餐，此外，也不要让宝宝一边玩耍一边吃饭，这样都不是宝宝良好的进食习惯。

培养宝宝爱上蔬菜的习惯

增加蔬菜种类

每天给宝宝提供3~5种蔬菜，并注意经常更换品种。如果宝宝仅仅是拒绝1~2种蔬菜，可以试试换同类蔬菜，如不爱吃丝瓜可以改为黄瓜，不爱吃菠菜可以改为油菜等。还可以有意识地让宝宝品尝各种时令蔬菜。

改善烹调方法

宝宝的菜应该做得比大人的细一些、碎一些，同时要注意色香味的搭配。炒菜前可以把青菜用水焯一下，去掉涩味。一些味道比较特别的蔬菜，如茴香、胡萝卜、韭菜等，如果宝宝不喜欢吃，可以尽量变些花样，例如放入馅里一些，让宝宝慢慢适应。

爸爸妈妈要为宝宝做榜样

爸爸妈妈带头多吃青菜，并表现出津津有味的样子。不要带头挑食，否则宝宝会模仿。

培养宝宝自己动手吃辅食的习惯

1. 宝宝刚开始吃辅食的时候，往往会用手抓着吃，这样父母就可以把一些辅食制作成手抓食物，既方便宝宝拿着，还能顺利为宝宝添加辅食。

2. 把勺子给宝宝。宝宝开始吃辅食的时候，可以给宝宝围上围嘴，给他一把漂亮的勺子，这些都能调动宝宝吃辅食的兴趣。

父母需要这么做

宝宝用手抓东西吃，是宝宝发育的必经阶段，父母不要过于干涉，尽量让宝宝自己动手。

这么喂辅食，宝宝就是爱吃

在辅食添加过程中，喂饭是必不可少的环节，既可以让宝宝吃到食物，还能培养宝宝对食物的兴趣，帮助宝宝培养良好的饮食习惯。在这个过程中，父母掌握了正确的喂辅食方法，可以激发宝宝吃饭的兴趣。

■ 6个月：让宝宝在愉悦的氛围中吃辅食

喂辅食的姿势：第一次给宝宝喂辅食，可以将宝宝横向抱着，然后把食物放进他的嘴里，这样可以减轻宝宝对“辅食”的恐惧感。尝试3~4周后，可以让宝宝坐在餐椅里给他喂辅食。但要把餐椅靠背放倒一点，这样可以让宝宝舒服地进餐。

喂辅食的方法：刚开始的时候，妈妈可以通过勺子将辅食直接送进宝宝的嘴里，等宝宝习惯了后，可以把勺子放在宝宝的嘴唇上，然后宝宝用自己的上下嘴唇把辅食吃进去，然后拿出勺子。

喂辅食停止时机：宝宝不愿意吃了或者开始哭闹了，就要停止喂辅食了。因为这个阶段只是让宝宝练习吃，不需要特别在意宝宝吃辅食的量。此外，喂完辅食后，当宝宝想吃奶的时候还是要喂奶的，因为这时宝宝成长发育所需的营养80%~90%来源于母乳或者配方奶，辅食只是起辅助的作用。

每天喂辅食的次数：可以安排在上下午各加1次，因人而异。

专家对宝宝辅食的建议：

1. 可以喂些婴儿米粉、米糊等。

2. 可以吃些蔬菜泥，如土豆泥、红薯泥、南瓜泥等。

■ 7~9个月：进一步锻炼宝宝吃辅食的能力

喂辅食的姿势：让宝宝坐在餐椅里，妈妈和宝宝面对面喂辅食，但要给宝宝系上安全带，避免宝宝在餐椅里滑倒。

喂辅食的方法：妈妈这时需要给宝宝增加一些喂辅食的话语，如“来张大嘴”“好吃吗”等，这些可以帮助宝宝养成进餐的一些习惯。

喂辅食停止时机：如果喂辅食的过程中宝宝出现注意力不集中或者勺子到嘴边也不张嘴等表现，就说明应该停止喂辅食了。通常情况下，这个年龄段的宝宝，每顿吃辅食时间控制在15分钟左右为宜。

每次喂辅食的次数：宝宝辅食可以是2~3次/天，可以在两次喂奶之间喂1次辅食。

专家对宝宝辅食的建议：

1.宝宝可以吃些蛋黄、鱼、肉、肝、动物血等。

2.需要经常更换食物，这样可以刺激宝宝对食物的兴趣，还能避免宝宝厌食挑食。

■ 10~12个月：以喂辅食为主，但可以让宝宝体验用手抓东西吃的乐趣

喂辅食的姿势：将宝宝放在餐椅里，让他保持一种不容易滑倒的姿势，但也要保证宝宝能够自由地够到食物。

喂辅食的方法：和上一阶段一样，妈妈可以将勺子放在宝宝下嘴唇上，让宝宝自己把辅食吃进去，然后再把勺子拿出来。此外，妈妈也可以让宝宝体验用手抓着吃食物乐趣。

喂辅食停止时机：这时宝宝吃一顿辅食时间控制在30分钟左右为宜。此外，如果宝宝出现偏食也是正常，妈妈不必过于担心。

每次喂辅食的次数：除了继续母乳或者配方奶外，可以1天吃3次辅食加1次点心。

专家对宝宝辅食的建议：

这时的宝宝可以吃软饭或面食了。

妈妈喂宝宝辅食时，要注意宝宝的姿势，避免宝宝呛着等意外的发生。

远离辅食喂养7大误区

■ 误区一：把鸡蛋黄作为宝宝的第一种辅食

一直以来，很多家长习惯把鸡蛋黄作为宝宝的第一种辅食，这也说明鸡蛋在宝宝成长过程中非常重要。但事实上过早给宝宝添加鸡蛋黄是不科学的。

据研究发现，鸡蛋黄的营养成分并不均衡，且很容易引起过敏反应。6个月的宝宝肠胃脆弱，摄入鸡蛋黄很容易引起消化不良，进而延缓宝宝的发育。所以对于宝宝发育状况良好的宝宝，可以在8个月以后，给宝宝添加蛋黄，1岁以后添加整蛋。

所以，宝宝的第一种辅食不是鸡蛋黄，而是前面提到的婴儿营养米粉。它们的具体区别，从下面的表格可以让你一目了然。

鸡蛋黄和婴儿营养米粉对比

	鸡蛋黄	婴儿营养米粉
营养成分	单一	全面
接受程度	不易接受	接近母乳或配方奶，容易接受
消化吸收程度	不易吸收，难消化	容易消化
未来偏食的可能性	大	小
过敏的可能性	较高	较低

■ 误区二：用奶瓶给宝宝添加辅食

给宝宝添加辅食，是为了更好地促进宝宝的发育，有些家长却选择了用奶瓶给宝宝添加辅食，这是不科学的。因为奶瓶是通过吸吮后吞咽，而用勺子喂养是通过卷舌、咀嚼然后吞咽的过程。实际上，开始添加辅食，就是开始锻炼宝宝咀嚼能力，为以后吃饭和说话打下良好的基础。

■ 误区三：用奶、米汤、稀米粥等冲调婴儿营养米粉

很多父母在给宝宝添加婴儿营养米粉的开始阶段，用奶、米汤、稀米饭等冲调米粉，这样做是不科学的。

首先，奶、配方奶冲调米粉浓度太高，会增加宝宝肠胃负担，导致消化不良，不利于营养的吸收，影响宝宝生长发育。此外，还会增加辅食的总量和喂养时间。其次，米粉是初期辅食，以后逐渐过渡到主食，如果和奶等一起冲调，味道口感会接近成人食物，不利于宝宝肠胃发育。

所以，对于刚开始添加婴儿营养米粉的宝宝来说，用温水冲调米粉最科学，也有利于宝宝营养成分的消化吸收。

■ 误区四：营养品代替正常辅食

有些父母十分担心食物的安全性，所以常用一些补充剂营养品代替肉、鱼、菜类等辅食。事实上，市售的补充剂或营养品，不但营养元素有限，且含有大量防腐剂、添加剂等，对宝宝的生长发育是不利的，甚至会造成危害。

实际上，宝宝营养最佳的来源是食物。食物中的营养素含量和种类丰富，只要宝宝每天坚持丰富的饮食和正常的进食，就能保证生长发育所需的营养成分。所以，只要宝宝合理进食，是没有必要选择营养品的。

■ 误区五：给宝宝吃过多的零食来代替辅食

宝宝辅食吃得不好，会影响宝宝的生长发育，就有些家长用一些零食给宝宝吃，来弥补辅食的不足。

但是，频繁吃零食，看似宝宝进食量不少，但胃肠功能对这些消化吸收不好，大大降低了营养素的吸收率。此外，这种进食习惯不科学，会扰乱宝宝的肠胃功能，不利于肠胃的蠕动，还会形成恶性循环。

■ 误区七：让宝宝过早接触成人食物

经常会听到有些家长说，在自己吃饭的时候，顺便喂点大人的食物给宝宝，而且宝宝非常喜欢吃。不久问题就出现了，宝宝不怎么喜欢味道清淡的辅食了，这是辅食喂养中父母经常会遇到的问题。

一般来说，辅食味道清淡，加上宝宝味觉不够灵敏，接受辅食是很容易的，但是一旦宝宝尝了大人的食物，就会刺激宝宝的味觉过早发育，进而喂食辅食就非常困难。

营养专家解答辅食添加过程中常见疑惑

■ 宝宝辅食的摄入量因人而异吗?

是的。开始每天有规律地喂2次辅食，每次的量应因人而异，食欲好的宝宝应稍微吃得多一点。不用太依赖规定的量，应控制在80~120克/次，不宜喂过多或过少。在比较难把握奶量时，可以用原味酸奶杯来计量。一般来说，原味酸奶杯的容量为100克，因此要选80克的量时，只取原味酸奶杯的2/3左右即可。

■ 可以用微波炉加热宝宝的辅食吗?

可以。与常用的烹调方法比起来，微波炉加热能更好地保存食物中的营养，比如，维生素C的损耗率比一般加热法低，维生素B_2、维生素B_{12}等水溶性维生素保持得更好。

■ 可以控制宝宝吃辅食的速度吗?

不可以。宝宝吃辅食的速度，并不是由妈妈来决定的。如果宝宝已经很饿或者辅食很好吃，宝宝自然就会吃得比较快或比较急。但是，如果妈妈准备的辅食口感不好、不容易吞咽或者宝宝并不是很饿，就会吃得比较慢。如果妈妈不希望宝宝吃得太急，可以比平常喂食的时间再提前30分钟喂给宝宝吃。

■ 宝宝的辅食越碎越好吗?

不是。细、碎、软、烂——这是多数爸爸妈妈在给宝宝添加辅食时遵循的准则，因为在他们看来，只有这样才能保证宝宝不被卡到，吸收更好。可事实上，宝宝的辅食不宜过分精细，且要随月龄的增长而变化，以促进他们咀嚼能力和颌面部的发育。

6个月的宝宝辅食以泥糊状为佳；7~9个月宝宝辅食以末状为佳；10~12个月宝宝进入牙齿生长期，可喂一些烂面条、肉末蔬菜粥、烤面包片等，并逐渐改变食物的体积，由细变粗，由小变大，而不是一味地将食物剁碎、研磨。

每天一定要严格遵守标准的饭量吗?

不是。宝宝的饭量要根据宝宝的消化功能和食欲来定。不同的宝宝身体情况各不相同，而且摄入的零食量也不固定，所以有的时候吃得多，有的时候吃得少。妈妈们没必要太遵守标准的饭量。当宝宝已经吃饱了，千万不要追着宝宝喂辅食，或者喂太多零食。

怎么能知道宝宝是否消化了辅食?

宝宝吃了新添加的辅食后，大便出现些改变，如颜色变深呈暗褐色，或可见到未消化的残菜等，不见得就是消化不良，不需要马上停止添加辅食。只要大便不稀，里面也没有黏液，就不会有什么大问题。

如果在添加辅食后宝宝出现腹泻或是大便里有较多的黏液，就要赶快暂停下来，待胃肠功能恢复正常后再从少量重新添加，并且要避开生病或天气太热的时候。

宝宝添加辅食后体重增长缓慢怎么办?

宝宝添加辅食后体重增长缓慢主要有三个原因：

1. 三大基础营养素摄取不足。三大基础营养素主要是指蛋白质、脂肪、碳水化合物。宝宝6个月添加辅食后，首先要保证碳水化合物的摄入量，至少占每次喂食的一半，如婴儿营养米粉、米糊等。此外，在保证碳水化合物的基础上，蔬菜、水果、肉类都不能少。

2. 辅食形状不适导致的消化不良。1岁以内宝宝主要通过舌头和上颚碾碎食物或者牙龈磨碎食物来进食，所以一些辅食做得过大，直接吞进去，很容易导致大便内有原始食物的颗粒或排便量增多，所以父母做辅食的时候，要根据宝宝的发育情况，制作合适的辅食。

3. 宝宝身体有疾病困扰，要及时就医。

宝宝不爱吃蔬菜怎么办?

对于不爱吃蔬菜的宝宝，要适当多吃些水果。7个月以后的宝宝没有必要将水果榨成果汁、果泥。将水果皮削掉，用勺刮或切成小片、小块，直接吃就可以。有的水果直接拿大块吃就行，如去子西瓜、去核和筋的橘子等。

■ 鱼刺太多不好处理怎么办?

妈妈们在对鱼进行处理时，要先将鱼头和鱼尾去掉，再将鱼皮和鱼骨去掉，只留下鱼肉。把鱼肉蒸熟后，用纱布将鱼肉包裹紧，用小勺一点点地刮下从纱布缝隙中挤出的鱼肉，这时即使还有鱼刺，透过纱布也能很容易地发现。

■ 宝宝吃辅食时呛到应该怎么做?

当宝宝被呛到时，应暂停喂食，帮宝宝拍背，让宝宝休息一会儿。如果宝宝没有不舒服的情况，可以再继续喂食。如果宝宝是因为太饿吃得很急而呛到，妈妈应该将宝宝用餐的时间提前30分钟。

■ 怎样给宝宝喂食面条?

喂宝宝的面条应是烂而短的，面条可和鸡汤或肉汤一起煮，可以增加面条的鲜味，增强宝宝的食欲。最初应少量喂食，观察一天看宝宝有没有消化不良或其他情况。如情况良好，可增加喂食量，但也不能一下子喂得太多，以免引起宝宝胃肠功能失调，出现腹胀，导致厌食。

■ 添加辅食后出现“厌奶”现象怎么办?

宝宝天然喜欢甜味和咸味，排斥苦味和辣味。但宝宝接受了果汁、大人饭菜等味道的食物后，就会对平淡的配方奶甚至母乳失去兴趣。这就是为什么不建议大家过早给宝宝添加果汁、菜水等原因。

想要纠正宝宝厌奶的问题，首先要找出宝宝到底喜欢什么味道，然后用这种味道作为印子，让宝宝逐渐恢复对奶的兴趣。如母乳喂养前，在乳头上涂上一些果汁，来提高宝宝对进食的接受度，然后逐渐减少，甚至恢复正常就行了。

建议父母给宝宝制作辅食时，不要把辅食的味道弄得“特别好”，以免出现厌奶现象。

如何预防宝宝偏食、挑食现象？

父母应该在开始添加辅食的时候，就有意识地预防宝宝偏食、挑食。可以采取以下的措施：

1. 宝宝开始添加辅食的时候，父母可以将米粉、粥、菜、肉泥等单一喂养，等宝宝适应之后，再混合喂养，这样可以减少宝宝偏食、挑食的机会。

2. 父母要以身作则，按时吃饭，不要偏食、挑食，避免影响宝宝对食物的认知。

3. 改变食物的烹调方法。妈妈对某种食物，可以通过不同的烹调方法和改变食物的形状，引起宝宝的进食欲望，这也能预防宝宝偏食、挑食的出现。

腹泻，怎么办？

给宝宝添加辅食后，出现腹泻主要有三个原因：

1. 对辅食出现不耐受的情况。如果情况不严重，可以继续添加等量辅食维持3天；如果情况好转，就可以恢复正常的进食量和新食物；但如果情况加重，就要暂停辅食几天再试，如果还出现腹泻情况，那就更换辅食种类。

2. 辅食添加方式不当。可能是因为添加辅食的量大、形状偏粗、喂养的时间不当导致。这个时候就更加关注奶的摄入，才能保证宝宝正常发育。如果是母乳喂养，可继续但不能加大频率。如果是配方奶，就应更换为不含乳糖的特殊配方奶，观察1~2周；就算添加辅食的宝宝出现腹泻，也不要马上停掉，可以继续喂食一些米粉和菜泥。

3. 天气转凉导致的腹泻。遇到宝宝腹泻后，父母应该带宝宝到医院及时检查，及早确定原因，及早治疗。

过敏，怎么办？

过敏是身体免疫系统对某种食物的过度反应。所以对于刚开始添加辅食的宝宝来说，食物过敏很常见。一旦怀疑宝宝出现食物过敏的情况，就应该立即停止继续进食可疑的食物。如果你一旦确定宝宝对某种食物过敏的话，应该完全避免3个月内再食用。

手抓食物，让宝宝爱上自己吃饭

什么是手抓食物

手抓食物指在引入固体食物之后，宝宝可以自己用手抓取进食的食物，通常手抓食物都以小块或小条的形状呈现，和手指大小差不多，以便宝宝可以咬食。

手抓食物带来的好处

学会控制自己的抓握能力。宝宝通过手抓食物，可以慢慢地学会根据食物的大小、软硬，来调整自己的抓握能力。开始时，宝宝不能控制手部的力道，要不拿不住食物，要不捏碎食物，但慢慢地，宝宝会在玩耍过程中，掌握了抓握的力量，同时，食物也成了宝宝的一件好玩的玩具。

帮助宝宝学会用勺子、筷子。从宝宝开始吃辅食时就锻炼宝宝用手抓食物，那手、口、眼协调能力会更强，在宝宝1岁半左右就能学着用勺子吃饭了。

手抓食物什么时候添加因人而异

因为每个宝宝的发育情况是不一样的，所以每个宝宝开始吃手抓食物的时间也没有统一的标准。所以，不要拿自己的宝宝和别的宝宝进行比较，而是应该根据宝宝的发育情况和对食物的兴趣决定什么时候给宝宝添加手抓食物。一般情况下，宝宝对手抓食物感兴趣是6~9个月居多。

手抓食物添加原则

大小易抓	开始给宝宝的手抓食物，大约是宝宝大拇指的大小，也就是豆粒那么大，逐渐可以切成小块或长条，可以根据宝宝的抓握能力调整手抓食物的形状
软硬适度	手抓食物的软硬度以宝宝可以用牙龈磨碎的硬度为准，逐渐增加食物的硬度，这样有利于宝宝的口腔发育
安全第一	质地硬且圆滑或者难以吞咽的小块食物都不要给宝宝喂食，以免发生哽塞（容易哽塞的食物：果仁类、整颗的葡萄、橄榄、葡萄干等）。宝宝进食时，一定要有父母在旁照顾，以免发生意外
环境不必优雅	宝宝刚开始吃手抓食物，一定会把周围的环境搞得一片狼藉，妈妈可以给宝宝穿上肚兜，等宝宝吃完后一起打扫卫生，所以当宝宝吃手抓食物时不必太在意环境是否优雅

手抓食物的挑选有两个原则

1.避免食物过敏。

2.避免宝宝消化问题，保护宝宝的脾胃功能。如果是宝宝没有尝试过的新食物，一定要少量给宝宝尝试，而且尝试3~5天后，再与其他食物混合添加。凡是常吃的食物均可以作为手抓食物，可以参考我们前面所讲的内容。肉类也可以作为手抓食物，比如：鸡肉丁、牛肉丁、羊肉丁等。

喂养日记

1. 添加手抓食物要注意，食物一定要软，软的程度甚至是可以入口即化的。

2. 食物的大小和宝宝的拇指盖差不多大小。

3. 食物的样式以宝宝喜爱的为好，可以切成丁状，可以切成片状，也可以切成条状，以宝宝方便手拿住即可。

4. 把孩子的手洗干净即可，不影响卫生。

5色食物营养更均衡

一眼看穿食材量

大人宝宝饭菜一锅出

Part 2

巧做辅食，妈妈省力又省心

宝宝可以吃辅食啦！如何做出宝宝爱吃的辅食，还能让妈妈省力又省心？下面我们介绍一些辅食制作的窍门、方法，让妈妈轻松，让宝宝爱上吃饭。

用彩虹食物巧搭营养素

赤橙黄绿青蓝紫是天上彩虹的颜色，相信很多妈妈也想让宝宝的生活如彩虹般缤纷。别急，我们帮您找到了能够代表红黄绿紫白黑的食物给你，可以提升宝宝的食欲。不同颜色的食物都是不同营养素的来源，宝宝摄入的食物颜色越多，营养越均衡，也代表不同营养素来源的食物合理搭配，能更好地促进宝宝的健康成长。

红色——铁的天堂

红色食物颜色抢眼、外表诱人，既可以让宝宝的餐桌显得活力十足，让宝宝胃口大开，而且，他们还是保护宝宝健康的好帮手。红色食物中含丰富的茄红素、花青素、铁质或帮助铁吸收的维生素C等，可以促进宝宝的大脑发育，宝宝吸收后还可以面色红润、可爱。

食物来源：番茄、草莓、西瓜、红枣、山楂、樱桃、红色彩椒、牛肉、动物肝脏、枸杞等。

绿色——生命的元素

绿色看上去清新自然，其中含有的膳食纤维和维生素C可以促进宝宝的胃肠蠕动，调节新陈代谢，提高宝宝的食欲。绿叶蔬菜含有丰富的维生素B_9能帮助红细胞的增长和更新，而所含的维生素K能帮助骨骼更好的发育。

食物来源：绿葡萄、菠菜、莴笋、荠菜、卷心菜、西蓝花、芦笋、苦瓜、芥蓝、油菜、柿子椒等。

黄色——胡萝卜素的大本营

黄色食物常常会让人振奋，且还能刺激人的食欲。黄色食物中的胡萝卜素，能在人体内转化为维生素A，即视黄素，既可以增强宝宝的免疫力，让宝宝更强壮，还能让宝宝的眼睛更加明亮可爱。

食物来源：橙子、柠檬、木瓜、香蕉、芒果、菠萝、玉米、小米、黄豆、南瓜、胡萝卜等。

紫色——天然的抗氧化剂

紫色拥有绝对优势的天然抗氧化成分，含有丰富的矿物质和膳食纤维，帮助维持宝宝身体的酸碱素平衡，保护血管弹性，并帮助宝宝预防消化不适。

食物来源：紫葡萄、蓝莓、茄子、甘蓝、海带、紫菜、紫洋葱、紫芋头等。

白色——钙和蛋白质的基地

除了母乳外，丰富的白色食物可以为宝宝补充足够的钙质和蛋白质，增强免疫力，让宝宝身体更强壮，而米、面中碳水化合物也是宝宝健康成长的重要能量来源。

食物来源：大米、面粉、蛋类、豆腐、奶酪、菜花、口蘑、莲藕、鱼、白芝麻、梨等。

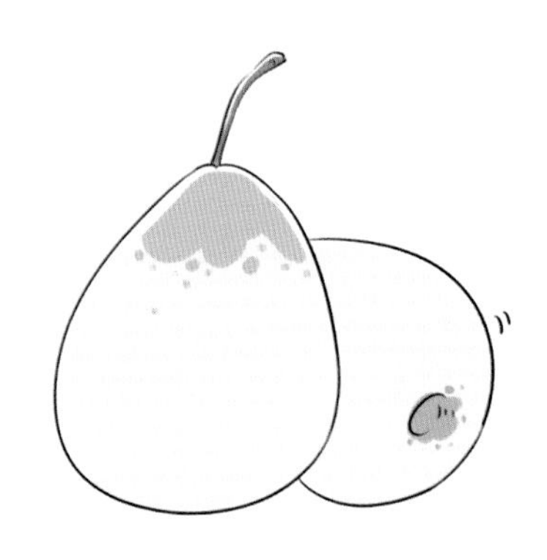

玩转普通工具让做辅食简单又轻松

给宝宝制作辅食的厨具还是建议特别准备宝宝专用的为好，在使用上比较方便，会为妈妈们节省很多宝贵的时间。

计量杯

在测量汤水时使用，一般为200毫升制品，也有250毫升的。

计量勺匙

方便测量少量食材时使用，一般5个为一组，从大到小分别为15毫升、10毫升、5毫升、2.5毫升和1毫升。

研钵和研棒

用来捣碎食物用。

搅拌机

用来把食物搅碎，又可拿来榨蔬果汁。

过滤筛

在榨汁和滤清汤水时使用。

打蛋器

用来将鸡蛋液打散、制作辅食时进行混合稀释搅拌。

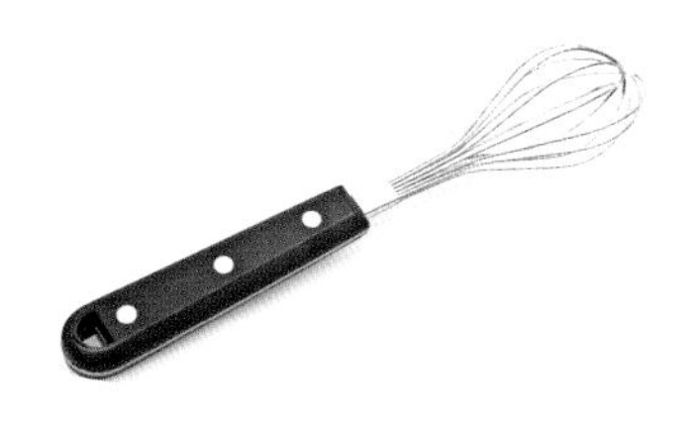

擦碎器

用来将蔬菜或水果擦成细丝、薄片或泥糊状。

万能剪

随时切割宝宝的辅食。

厨房用秤

用于精确称量材料的用量。

汤锅

用于煲汤、煲粥不错的选择。

蒸具

用于蒸制红薯、土豆等。

全自动面条机

可以轻松制作宝宝吃的龙须面、通心面等。

案板

案板是制作宝宝辅食的必备工具，不管是木质案板，还是塑料案板，都要及时清洗、消毒。最简单的消毒方法就是开水烫或者日光晒。其实，最好选择宝宝专用案板制作辅食，这样可以减少和大人同用引起的交叉感染。

从新鲜食材开始，做好辅食每一步

一旦宝宝开始添加辅食，妈妈们就要特别注意宝宝的饮食卫生了。宝宝的免疫力比较弱，很容易受到细菌感染。因此，在给宝宝准备辅食时一定要注意卫生。

食物选料要新鲜

食材如蔬菜、水果、肉蛋奶类，在买回来后应该先用清水冲洗表层的脏物，避免有毒化学物质、细菌、寄生虫的危害。吃水果前，要先将水果洗净，淡盐水中浸泡10分钟，尽可能去除农药。如果条件允许，尽量选择没有被农药污染的新鲜食物，因为宝宝肠胃十分娇嫩，很容易被有害物质损伤。另外，不宜选择反季节的蔬菜和水果。

烹调前一定要认真洗手

在为宝宝制作辅食时，要保持双手清洁干净。在烹调之前一定要用香皂把手洗干净，也可以使用具有杀菌功能的香皂。另外，指甲长的要剪短指甲。

厨具和餐具要经常消毒

在为宝宝准备辅食时，要用到很多用具，如案板、锅、铲、碗、勺等。使用后要及时清洗干净，而且最好不要同大人的混用。宝宝的餐具每周最好用洗碗机或用高温热水消毒1~2次。

此外，最好能为宝宝单独准备一套烹饪用具，这样能有效避免交叉感染。

生、熟食物要分开

切生、熟食物的刀一定要分开。每次使用后都要彻底清洗并晾干。切食物的砧板一定要经常消毒，最好每次用之前先用开水烫一遍。

解冻食物当天使用

大量的细菌会在食物解冻或解冻过程中繁衍，所以，妈妈可以在冷冻前，将食物按用量分成一份份保存，用起来比较方便。此外，如果解冻后有剩余，需要马上放入冰箱或者做熟后保存。

单独烹调

宝宝的辅食一般都要求清淡、细烂，所以，要为宝宝另开小灶，不要让大人的过重口感影响到宝宝。为宝宝制作辅食时，最好采用蒸、煮等方式，要避免长时间烧煮、油炸、烧烤等，以维持原料中尽可能多的营养素。辅食的软硬度应根据宝宝的咀嚼和吞咽能力来及时调整。食物的色味也应根据宝宝的需要来调整，不要按照妈妈自己的喜好来决定。

辅食宜现做现吃

上顿剩的辅食在味道和营养上都会大打折扣，还容易被细菌污染，所以不能让宝宝吃上顿剩下的辅食，最好现做现吃。为了方便，可以在准备生的原料（如菜碎、肉末）时，一次性多准备些，再根据宝宝的食量，用保鲜膜分开包装后放入冰箱保存。妈妈需要注意，这样保存的原料要在一星期内吃完。

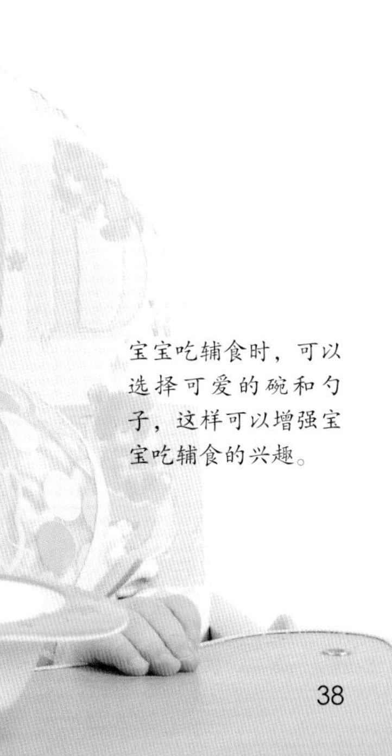

宝宝吃辅食时，可以选择可爱的碗和勺子，这样可以增强宝宝吃辅食的兴趣。

制作辅食常用食材的大小和粗细

想要让宝宝更聪明、更健康，就要掌握其在不同阶段的特点，给宝宝最需要的营养和呵护。随着宝宝成长和咀嚼能力的增强，所吃的食物形状要有所变化，从最开始的末到碎块、小块，来适应宝宝口腔变化和牙齿生长的需要。

	6个月	7~9个月	10~12个月
米饭	米汤状	稠粥	软饭
土豆	蒸熟去皮后用过滤筛过滤出细腻的土豆泥	蒸熟后去皮、捣碎	蒸熟去皮后切成1厘米大小的块
胡萝卜	蒸熟后捣碎，然后煮成糊状	蒸熟后捣碎	切成0.5厘米大小的碎块后蒸熟
西蓝花	只用花冠部分，煮熟捣碎后再煮一下	只用花冠部分，煮熟后捣碎	煮熟后切小块
菠菜	取叶子煮熟，切碎后加进粥里煮	取叶子煮熟后切碎	取整棵菠菜焯软后切碎，加进粥里煮

	6个月	7~9个月	10~12个月
苹果	去皮除核，切小块蒸熟后捣碎	切成0.3厘米大小的块蒸熟	切成0.5厘米大小的块蒸熟
鸡肉	×	煮熟后切碎，加少许高汤煮成泥状	煮熟后切碎
牛肉	将牛肉切片后在沸水里煮熟，再切成小块后剁成碎末	将牛肉切片后在沸水里煮熟，再切成碎块	将牛肉切片后在沸水里煮熟，切成3毫米大小的丁
豆腐	×	煮熟，碾成泥	切成小丁煮熟，要有宝宝用舌头就能碾碎的硬度
鸡蛋黄	×	鸡蛋煮熟，只取蛋黄，碾成泥	取生鸡蛋黄蒸成鸡蛋羹
豌豆	×	煮熟后用勺子压碎	煮熟后用勺背压碎成3~4瓣

表注：上面表格中打“×”表示该种辅食不适合这个月龄宝宝食用。

火眼金睛看出不同食材的计量方法

食材的用量不用精确计量，用平常的勺子或靠感觉就能取到适当的量。

10克米

相当于1平勺

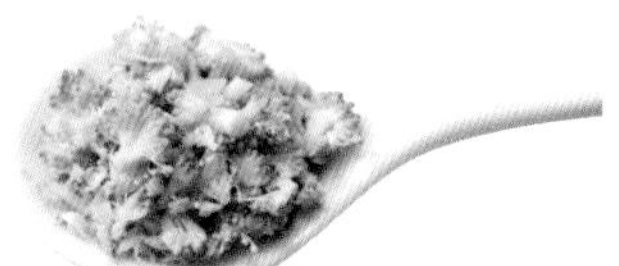

10克西蓝花

2个鹌鹑蛋大小或剁碎后1勺

10克土豆

将土豆切成5厘米×2厘米×1厘米的长条或搅碎后1勺

10克泡发的大米

1勺凸起0.5厘米

20克西蓝花

3个拇指大小的量

20克土豆

直径4厘米土豆的1/4大

10克胡萝卜

胡萝卜搅碎后1勺

20克红薯

直径5厘米的红薯切取2厘米厚的一块

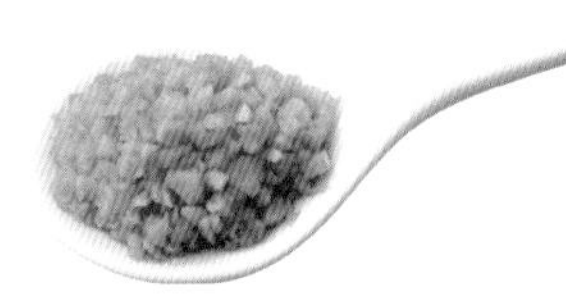

10克南瓜

南瓜搅碎后1勺

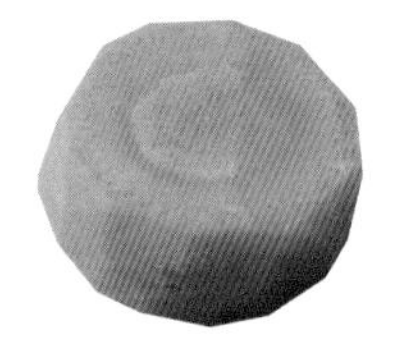

20克胡萝卜

直径4厘米的胡萝卜切取2厘米厚的一块

10克洋葱

拳头大小的洋葱切取1/6大小一块

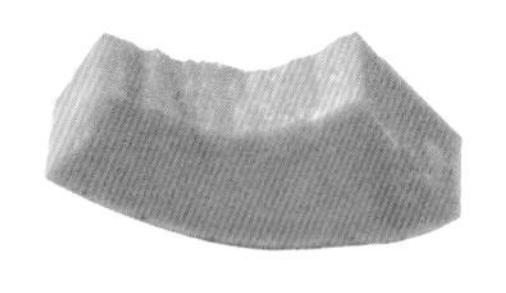

20克南瓜

直径10厘米的南瓜切取1/16大小的一块

10克菠菜
是勺子大小2片或
搅碎后的1/2勺

20克金针菇
用手握住时食指到
拇指的第一个指节

10克豆腐
豆腐压碎后1勺

20克菠菜
从茎到叶子约12厘
米长的菠菜5根

20克豆芽
用手握住时食指未达
到拇指的第一个指节

20克豆腐
切取标准豆腐的
1/10大小的一块

牛肉10克
牛肉是2个鹌鹑蛋大
小或压碎后1/3勺

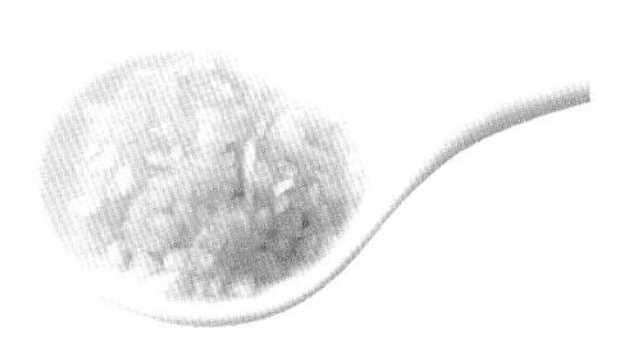

10克苹果
是压成碎后1勺

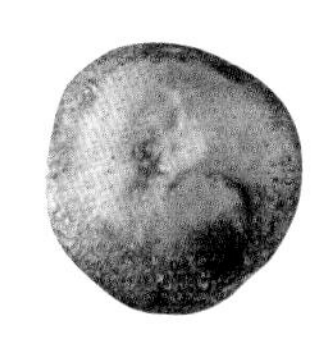

20克香菇
用手握住时食指到
拇指的第一个指节

20克牛肉
牛肉是1满勺的量

12克黑豆
黑豆40粒

告诉你，辅食食材的处理窍门

巧去番茄的皮和子

番茄的皮和子，月龄小的宝宝难以消化，妈妈在用番茄为宝宝制作食物的时候，一定要将番茄的皮和子去除干净，这样才有利于宝宝消化和吸收。

番茄去皮和去子的方法：

1. 将番茄放入清水中冲洗干净。

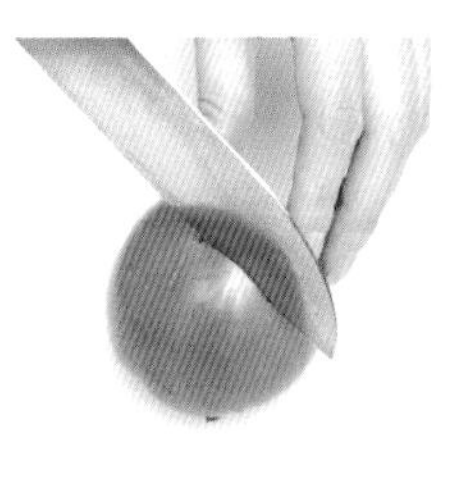

2. 在番茄顶部用刀划出十字形口，放入沸水中焯烫一下。

3. 捞出放入冷水中浸凉后剥去表皮和番茄蒂。

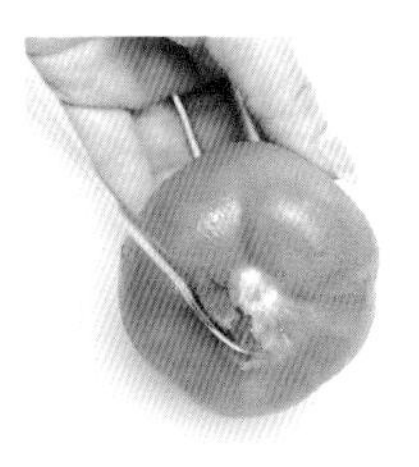

4. 用勺子的柄将番茄的子挖下来即可。

让藏在花柄处的菜虫现形

菜花易生虫，而且有些菜虫会钻进菜花花柄的缝隙处，这让菜花不容易清洗干净。下面教新妈妈们如何将菜花处理干净：

1. 摘去菜花边缘的绿叶子，削去菜花的老根。

2. 将菜花放入淡盐水中浸泡10分钟。

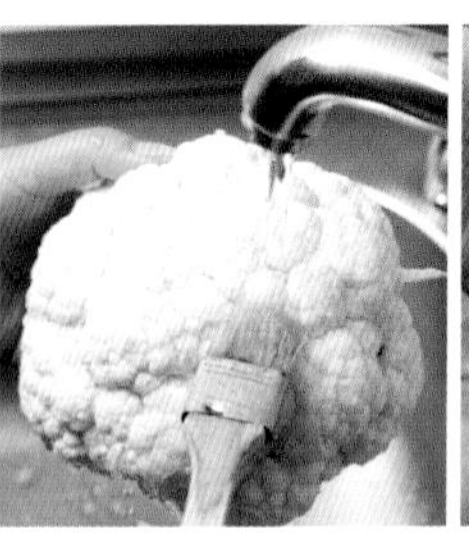

3. 然后放入水龙头下用软毛刷将菜花表面的污物洗刷干净。

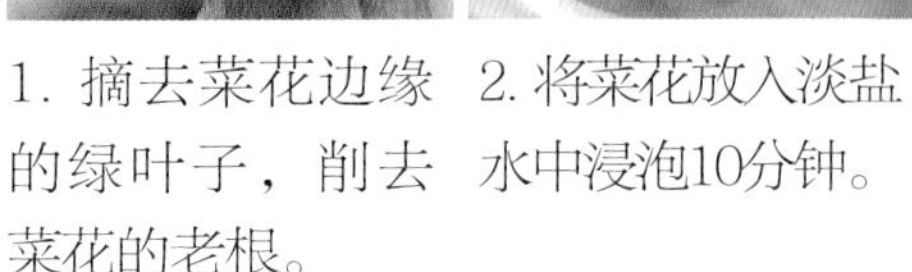

4. 接着用流动的水冲洗花柄的缝隙处即可。

让鱼肉的味道更鲜美

鱼肉肉质细嫩，又较其他肉类、蛋类等食物更易消化，对月龄小的宝宝尤为适宜。经常食用能促进发育，强健身体。给宝宝食用的深海鱼宜选用略带脂肪的鱼肚肉，这样宝宝吃起来才不会感觉鱼肉发柴而难以入口。但是深海鱼的腥味较大，去除腥味很关键，这样宝宝才能接受鱼肉的味道，汲取到鱼肉中的营养。

给鱼肉去腥、让肉质更嫩滑的方法：

1. 把去净鱼刺的鱼肉洗净。

2. 放入烧至温热的水中，淋入少许醋，烧至锅中的水沸腾。

3. 淋入适量的水淀粉在鱼肉上，这样煮出的鱼肉会更鲜美、肉质更嫩滑。

煮出营养好吃的嫩蛋黄

给宝宝食用的鸡蛋黄不要煮得过老，因为鸡蛋煮得时间过长，蛋黄表面会形成灰绿色的硫化亚铁层，其很难被宝宝消化吸收。

煮出营养好吃嫩蛋黄的方法：

1. 鸡蛋用清水洗净外皮。

2. 凉水下锅煮开后再煮3分钟，离火，不拿下锅盖焖2分钟。

3. 然后放入冷水泡2分钟，取出剥掉蛋壳和蛋清，就是嫩嫩的蛋黄了。

妈妈一定要会做的常见基础辅食

煮粥

宝宝的辅食要从谷类食物开始，其中米粥最为理想。同时，煮粥也是制作辅食最基本的方法，可根据月龄的不同，注意米粒的大小、水量来煮制适合宝宝食用的粥。

稠粥

可以按照米：水=1：5的比例煮粥，即如果用了30克的大米，就要加入150毫升的水。每次给宝宝喂90克左右粥。

做法

1. 取30克大米淘洗干净。
2. 锅置火上，倒入淘洗好的大米和150毫升清水，大火煮开后转小火煮10分钟。
3. 熄火后盖着锅盖焖10分钟，将煮好的粥放进搅拌机中把米粒打碎即可。

软饭

即加水量比稠粥少，但比正常蒸米饭用的水多一些。

做法

1. 取30克大米淘洗干净。
2. 将淘洗好的大米倒入电饭锅中，加入100~120毫升清水，盖严锅盖，蒸至电饭锅提示饭蒸好，不揭锅盖焖5分钟即可。

制作高汤

高汤经过长时间的熬煮，会溶出像钙、钾、钠等矿物质及微量氨基酸，营养又美味，非常适合宝宝的生长所需。妈妈们可以根据宝宝的不同口味熬制鱼汤、鸡汤、猪棒骨高汤、素高汤等，还可以加入一些时蔬、菌菇等食材，会让汤的口感更加丰富。

鱼汤

材料

鲢鱼头1个，葱段、姜片各适量。

做法

1. 鲢鱼头收拾干净，洗净，剖开，沥干水分。
2. 置火上，倒入适量植物油烧热，放入鱼头两面煎至金黄色，盛出。
3. 将煎好的鱼头放入砂锅中，加1000毫升温水及葱段、姜片，大火煮开，转小火煮至汤色变白、鱼头松散，熄火，放凉。
4. 将汤过滤后取鱼汤，取一次的用量装入保鲜袋中，系好袋口，放入冰箱冷冻即可。

鸡汤

材料

鸡骨架1副。

做法

1. 将鸡骨架收拾干净，用滚水烫去血水后，捞出，冲洗掉表面的血沫子，放入锅中，加入1000毫升清水煮开，转小火煮。
2. 边煮边撇净表面浮沫，用小火煮30~40分钟，捞出鸡骨架，取汤汁，放凉。
3. 汤汁晾凉后取一次的用量装入保鲜袋中，系好袋口，放入冰箱冷冻即可。

猪棒骨高汤

材料

猪棒骨2个。

做法

1. 将猪棒骨清洗干净，再用沸水焯烫去血水，捞出，冲洗掉表面的血沫子，放入锅中，加入1000毫升清水煮开，转至小火煮。
2. 边煮边撇净表面浮沫，用小火再煮2个小时，捞出猪棒骨，取汤汁。
3. 汤汁放凉后放入冰箱冷藏1~2个小时，待表面油脂凝固后取出，刮去表面油脂，取一次用量的高汤装入保鲜袋中，系好袋口，放入冰箱冷冻即可。

素高汤

材料

黄豆芽200克，胡萝卜1根，鲜香菇10朵，鲜笋300克。

做法

1. 黄豆芽择洗干净；胡萝卜、鲜笋择洗干净，切块；鲜香菇择洗干净，切块。
2. 将黄豆芽、胡萝卜、香菇、鲜笋放入砂锅中，加1000毫升清水，大火煮开，转小火再煮30分钟。
3. 汤煮好后，捞起汤料，将清汤自然放凉，然后装进保鲜盒，放冰箱冷藏。可以保存3天左右，所以一次不用煮太多。

米糊

材料

大米30克。

做法

1. 用搅拌机的干磨杯把干净无杂质的大米磨成粉。
2. 锅置火上，倒入米粉和冷水大火煮开，转小火熬煮，边煮边搅拌，煮至糊状，离火凉至温热后食用。

油菜汁

材料

油菜100克。

做法

1. 油菜洗净，切段，放入沸水中焯烫至九成熟。
2. 将小油菜放入榨汁机中加纯净水榨汁，榨完后过滤即可。

肉泥

材料

猪瘦肉适量。

做法

1. 取30克的精猪瘦肉洗净备用。
2. 锅置火上，放入洗净的肉，煮熟，肉汤留用。
3. 将煮熟的肉切小丁，放入研钵中捣成泥，加少量肉汤搅拌均匀即可。

宝宝辅食储存、保鲜，妈妈有高招

辅食食材冷冻储存要点

冷冻时间不要超过1个星期

冰箱不是保险箱，其中冷冻的食物，也不是永远都能完全保持口感和营养价值的。总体来说，冷冻保存的食物冷冻时间越长，口感和营养价值就越差。给宝宝做辅食的食物冷冻保存不要超过一个星期。

让食材急速冷冻

食物急速冷冻可最大限度地保存食物的口味和营养，这就要求食材的体积不能过大，比如肉类，可以切成片或剁成肉末，分装成每次的用量，食材体积小了就可以实现急速冷冻。食材解冻时要放在15℃以下的空气中自然解冻，才不会改变食材的口味和营养，最好的解冻方法是放到冰箱的冷藏室内解冻。

贴上食物名称和冷冻日期

送进冰箱冷藏的食物很容易变干，可将食物放在保鲜盒或保鲜袋中存放，并在上面贴上食物名称和冷冻日期，这样妈妈们不会忘记食材的冷冻时间，在食材最新鲜的时候做给宝宝吃。

部分辅食食物的冷冻方法

蔬菜

蔬菜如果想冷冻保存，要将蔬菜用水焯熟后滤干水分，切成合适的大小，用保鲜膜包好冷冻保存。然后在短时间内尽快吃完，因为存放3天后就会失去原有的味道和营养。

主食

米饭、米粥等主食最好冷冻保存，因为主食即使在低温下也很容易变质。冷冻保存时宜装在密闭的盛器中，以免混入其他食材的味道。

肉类

肉类容易变质，买回来以后要立即冷冻。最好装在金属容器中冷冻，通常我们都会用塑料袋来盛装需要冷冻的肉类和海鲜，其实用塑料袋会影响冷冻速度。切成片的肉要一片片摊开来冷冻，便于急速冷冻。

大人宝宝饭菜一锅出

给宝宝制作辅食是个费力费心的活，尤其是0~1岁宝宝辅食不能加盐、加糖，这就要求宝宝的辅食必须和大人饭菜分开制作，且要求餐餐新鲜、不吃隔夜饭，还要营养均衡、软烂可口，就让妈妈倍感辛苦。如果妈妈学会在做大人饭菜时能“一拖二”地完成宝宝餐，也是一个非常好的选择。

米饭+蔬菜泥

妈妈在用电饭煲焖米饭时，可以放些1厘米左右的红薯块、土豆块、胡萝卜块等根茎类蔬菜，这样，米饭焖熟了，蔬菜也就软烂了，放在小碗中放凉，碾成泥状，可以直接喂食给宝宝了。此外，焖出的米饭会混合着蔬菜的清香，变得非常好吃。

馄饨+面片汤

妈妈可以在煮馄饨时，加一些青菜，特意留几个馄饨煮烂点，这样就可以让宝宝吃些面片，因为馄饨馅里会留出一些盐，所以宝宝馄饨里不要加盐，同样非常美味。

大米粥+营养粥

妈妈煮好了大米粥，经过简单的加工就能成为宝宝的营养粥。

猪肝/瘦肉粥：如果大人饭菜中炒了猪肝或者瘦肉，可以调出来一些切碎，放入大米粥中，如果有青菜也可以放点碎末，这样猪肝或瘦肉粥就成功了，且营养丰富。

奶香鸡蛋粥：将少量大米粥放入锅中，打入一个鸡蛋黄，搅匀煮开，然后倒入少量奶粉，奶香鸡蛋粥就出锅了。

蛋白炒菜+蛋黄泥

妈妈在做蛋白炒菜时，可以将完整鸡蛋煮熟，然后分离蛋黄和蛋白，蛋白可以用来炒菜，蛋黄放凉后，碾碎做成泥，喂食给宝宝，一举两得。

这些食材 0~1岁宝宝是不能吃的

0~1岁宝宝身体的各项组织器官发育尚未完善，消化系统还很稚嫩，因此，宝宝对食物的摄取非常挑剔，所以妈妈们给宝宝添加辅食时，不要把自己认为很美味的食物，一股脑地给宝宝做辅食，因为这些不一定适合作为宝宝的辅食。

蜂蜜

0~1岁宝宝不宜吃蜂蜜，因为蜂蜜中可能含有肉毒杆菌，很容易让宝宝感染而出现中毒的症状，如便秘、疲倦、食欲减退等。此外，蜂蜜中含有雌性激素，容易导致宝宝早熟。

牛奶

牛奶营养丰富，蛋白质分子较大，而宝宝的肠胃发育未完善，给1岁以内宝宝喂食，很容易造成宝宝肠胃负担，既会损伤宝宝的肠胃道，还会影响宝宝的营养吸收，不利于宝宝的成长发育。

盐

天然食品中存在的盐完全能满足0~1岁宝宝的需要，如果额外给宝宝加盐，会导致宝宝肾脏和心脏功能受损，对宝宝的健康造成潜在危害。

糖

糖分摄入过多会导致体内钙质的流失，对宝宝骨骼发育很不好，而且这样形成习惯的话，孩子会形成挑食的坏习惯，1岁以内的宝宝不宜食用。

鸡蛋清

0~1岁宝宝消化道发育还没有成熟，蛋清中白蛋白分子较小，容易通过肠壁进入血液，引起过敏反应，或引起湿疹和荨麻疹等疾病。

带壳水产

甲类食物引起过敏的危险性很高，一旦出现过敏反应可能会保持一生，所以1岁以内尽量少吃。

花生

过敏危险性高且消化困难，6个月以后的宝宝要磨碎了再吃，有过敏症状的宝宝要在36个月以后喂才安全。

功能性饮料

功能性饮料含有电解质，能适当补充人体出汗时流失的钾、钠等微量元素。但宝宝身体的代谢和排泄功能还不健全，过多的电解质会增加宝宝肝、肾、心脏的负担。

辅食和奶分开喂

用小勺喂辅食

蔬菜营养优于水果

Part 3

6个月宝宝，可以吃泥状辅食了

6个月的宝宝饮食以母乳或配方奶为主，辅食添加以尝试吃为主要目的。辅食的量从1~2勺开始，慢慢地逐渐增加一些。辅食食物添加的顺序没有特殊的规定。辅食首先尝试米糊，再逐渐增加煮熟的新鲜蔬果泥、肉泥等。

6个月宝宝能力发育图解

1 语言沟通

2 细动作

双手互握在一起

自己会拉开遮盖
在脸颊上的手帕

手能伸向物体

3 粗动作

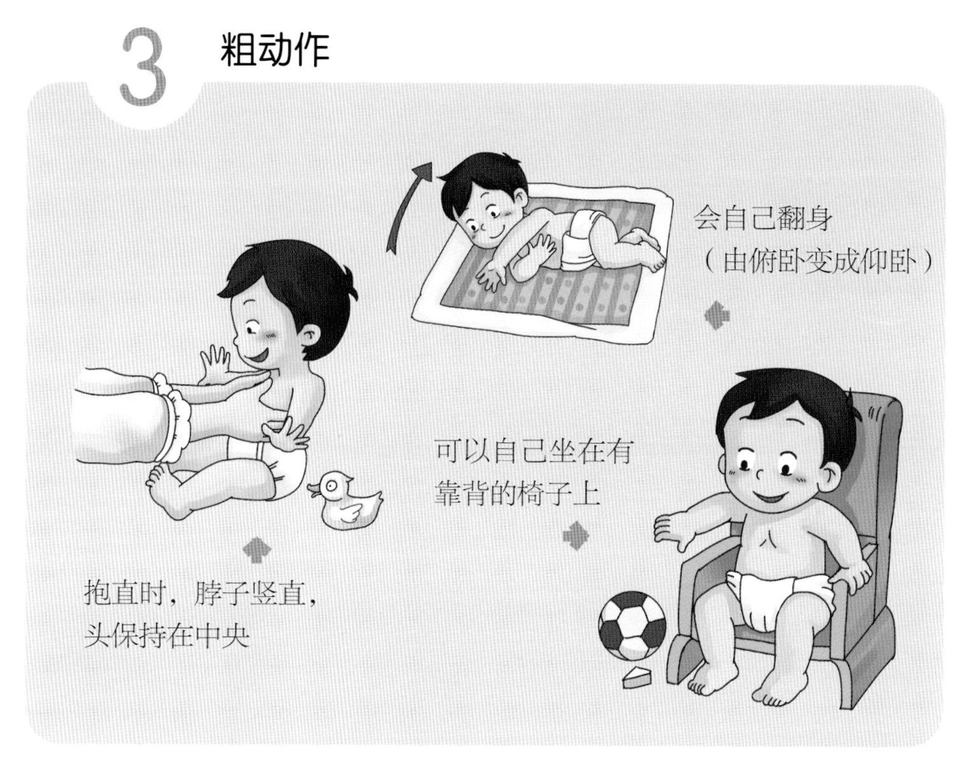

4 自我控制和社交能力

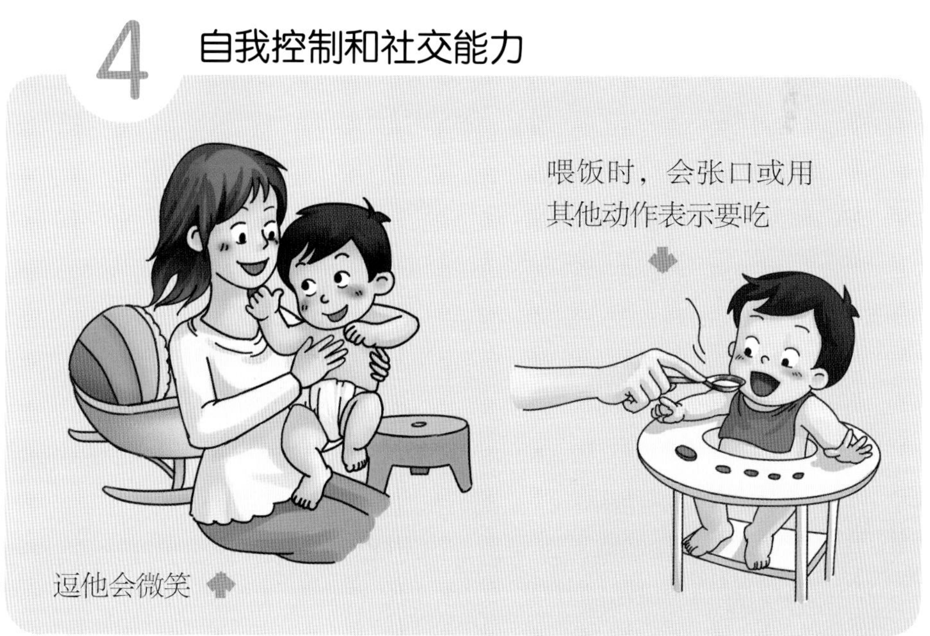

辅食喂养指南

宝宝主食和辅食喂养要点

母乳或配方奶

每3~4小时哺乳一次，每日5~6次，奶量800~1000毫升，可逐渐减少夜间哺乳。

辅食

从强化铁的米粉开始，尝试从5克开始，逐渐增加。

可以先喂些瓜类、根茎类、豆荚类蔬菜泥，适应后尝试喂些水果泥，每日2次即可。

肉类：尝试添加

蛋类：暂不添加

6个月宝宝一日饮食计划

（10克等于2小勺）

06:00	母乳或配方奶粉	160毫升
08:00	婴儿米奶粉	10克
10:00	母乳或配方奶粉	160毫升
12:00	南瓜汁	10毫升
14:00	母乳或配方奶粉	160毫升
16:30	土豆泥	10克
18:00	母乳或配方奶粉	160毫升
20:00	母乳或配方奶粉	160毫升
24:00	母乳或配方奶粉	200毫升

刚开始给宝宝添加辅食，新妈妈总担心宝宝吃不饱或者吃太多。其实，可以通过宝宝的体重变化来判断辅食添加是否合理——宝宝每天的体重增长20克，或10天体重增长200克，就在正常范围内。

妈妈可以根据自己宝宝的具体情况给宝宝添加辅食，这样有利于宝宝的健康成长。

添加辅食不要影响母乳喂养

一般来说，6个月以上的宝宝开始添加辅食，但不应该影响到母乳或配方奶喂养。可以用“母乳或配方奶+辅食”作为宝宝的正餐，妈妈可以每天有规律地哺乳5~6次，逐渐增加辅食量，减少哺乳量，并在哺乳前喂辅食，每天喂辅食2次。需要注意的是，妈妈要将谷类、蔬菜、水果、肉类、蛋类等逐渐引入宝宝的膳食中，让宝宝尝试不同口味、不同质地的新食物。

6~12个月龄宝宝的正餐  母乳或配方奶  辅食

辅食和奶最好分开吃

给宝宝添加辅食时，妈妈要慢慢增加新的品种。需要注意的是，奶和辅食最好分开吃，最好在奶前加辅食，没吃饱可补喂奶，辅食加得足够多，可减一次奶，1岁前的宝宝每天的奶量建议保证在800~1000毫升，来满足生长的需要。家长不要觉得宝宝可以吃辅食就不用吃奶了。

母乳充足的妈妈仍然可以继续母乳喂养。不要因为增加了辅食，或对母乳营养的质疑而动摇信心。国际母乳协会鼓励有条件的妈妈母乳喂养到宝宝两岁。

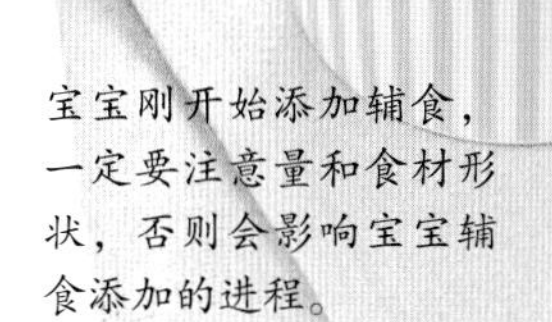

宝宝刚开始添加辅食，一定要注意量和食材形状，否则会影响宝宝辅食添加的进程。

宝宝辅食种类要多样化

如果总是吃一种辅食，宝宝会厌烦，会把喂到嘴中的辅食吐出来。妈妈要尊重宝宝的感受，可更换另一种辅食，如果宝宝喜欢吃，就说明宝宝暂时不喜欢吃前面那种辅食，要先停一星期，再尝试喂，帮助宝宝顺利过渡到正常的饭食。

6个月以内宝宝的辅食不能以米面为主

开始添加辅食后，如果对米面类的辅食不加限制，宝宝很快会变得肥胖起来。添加辅食后，宝宝每天的体重增长超过了20克，或10天体重增长200克以上，就要考虑是否辅食品种的选择有问题。如果宝宝比较喜欢吃辅食，最好以肉蛋、果汁、糖类为主，不要以米面为主。

这样黏稠度的食物适合6个月宝宝食用

大米：磨好的米粉与水的比例为1∶8或1∶10，粥的黏稠度参考酸奶。

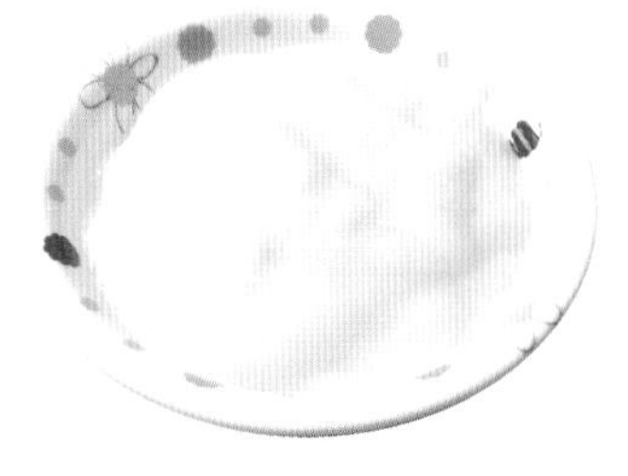

土豆：将土豆洗净，带皮放入锅中蒸熟，去皮，用勺背压成泥。

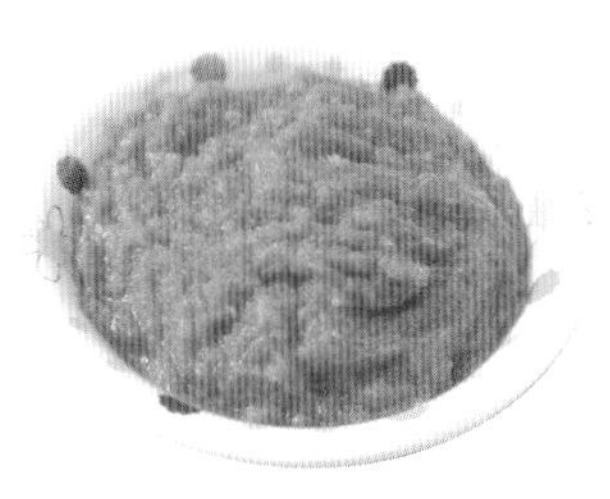

胡萝卜：将胡萝卜洗净，去皮，切段，上锅蒸熟，再用压泥器压成碎泥状。

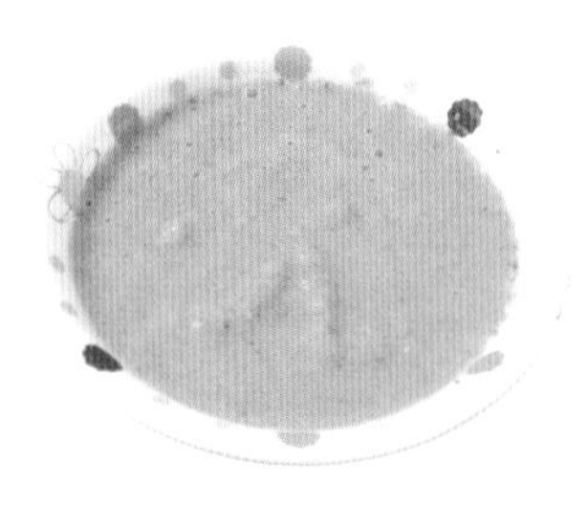

西蓝花：将西蓝花洗净，掰成小朵，放入沸水中煮熟，然后用搅拌机磨碎后，用纱布过滤出泥状。

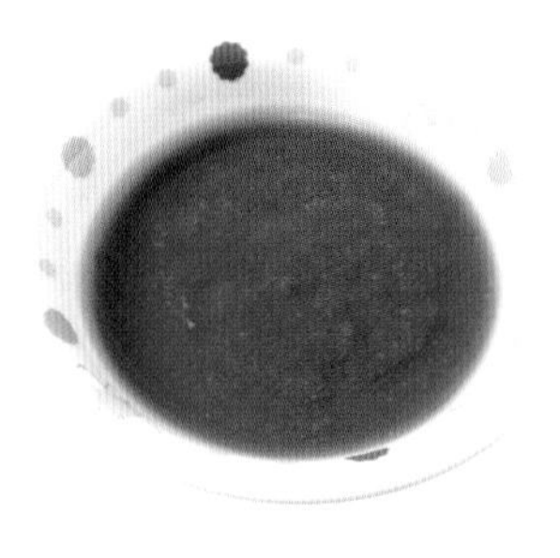

菠菜：在沸水里烫一下后将叶子部分压碎过滤。

苹果：将苹果搅打成泥状，用纱布过滤后放入碗中蒸一会儿。

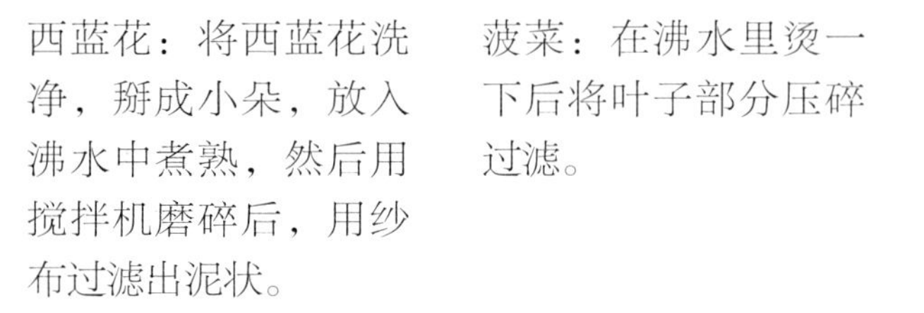

食物调成糊状用小勺喂利于吞咽

无论吃母乳还是使用奶瓶，奶水都直接到咽部，有利于宝宝吞咽，而泥状食物是需要舌卷住食物，并把食物送到咽部，再吞咽下去。所以开始给宝宝添加辅食，不要将米粉等放入调好的奶中，用奶瓶喂宝宝，而要用水把米粉调成泥状，用小勺来喂，这样更有利于宝宝吞咽食物。

饿着宝宝不是添加辅食最佳方法

妈妈哺乳6个月了，乳汁已经不能满足宝宝的需要了，宝宝应该多吃点辅食，但是有的宝宝就是不爱吃，怎么办？有的妈妈用“饿着宝宝”来让宝宝在饥饿难耐中选择辅食。实际上，妈妈这样做是不对的，会影响宝宝对辅食的兴趣，还会影响宝宝的生长发育，使宝宝容易变得烦躁。

蔬菜的营养优于水果

水果的口感比较好，宝宝比较喜欢，蔬菜就常常被宝宝推到一边。实际上，蔬菜和水果的营养各有千秋。但是，综合衡量，蔬菜的营养要优于水果，蔬菜含有很多促进宝宝发育的黄金营养素。此外，蔬菜还能促进食物中蛋白质的吸收。所以，要让宝宝同时爱上吃水果和蔬菜。

慎重对待市场上的婴儿辅食

如果母乳不足，宝宝又不吃配方奶，就要添加辅食了。一般先添加20~30克的米粉，观察宝宝的大便情况，如果拉稀就减量，或停掉，或换加肉汤面等。市场上针对婴儿吃的小罐头、鸡肉松、鱼肉松等，这些半成品并不是宝宝的最佳辅食。妈妈自己做的辅食才是最佳选择。

婴儿米粉

提供生长发育多种营养

材料

婴儿米粉25克。

做法

1. 将婴儿米粉倒入碗中。
2. 加入开水与米粉调成糊状即可。

宝宝最爱的营养

婴儿米粉强化了钙、铁、锌等多种营养素，且营养成分均衡。此外，婴儿米粉针对宝宝的肠胃特点而设计，不会给宝宝娇嫩的脾胃造成负担，所以是宝宝最好的起始辅食。

大米糊

健脾养胃

材料

大米20克。

做法

1. 大米洗净，浸泡30分钟，沥干，用搅拌器将泡透的大米磨碎。
2. 将磨碎的大米和100克的水倒入锅中，用大火煮开后，再转为小火充分熬煮。
3. 用过滤网过滤掉米糊中的残渣，凉温后即可食用。

宝宝最爱的营养

大米富含淀粉、维生素B_1等，具有健脾养胃的功效，可以作为宝宝母乳之外的辅食。

挂面汤

易消化、平衡营养吸收

材料

鸡蛋挂面40克。

做法

1. 锅中放入200克水烧开，放入鸡蛋挂面，煮至挂面软烂。
2. 舀汤凉温后喂食。

宝宝最爱的营养

挂面汤富含蛋白质，容易被宝宝消化吸收，能增强宝宝免疫力、平衡营养吸收。

绿豆汤

清热解毒、解暑

材料

绿豆100克。

做法

1. 绿豆洗净，浸泡3小时。
2. 锅中放适量水烧开，倒入绿豆，大火煮至汤汁基本干时，加入沸水，小火煮20分钟左右至绿豆开花，过滤取汤汁即可。

宝宝最爱的营养

绿豆具有清热解毒、解暑的作用，可以熬煮成汤给宝宝喝，有利于宝宝健康成长。

花生米糊

润肺化痰、健脾和胃

材料

大米60克，熟花生仁20克。

做法

1. 大米淘洗干净，用清水浸泡30分钟。
2. 锅内倒入250克水烧开，放入大米和熟花生仁，煮至米烂，用勺子捣碎花生仁和米粒，然后过滤去渣，凉温即可。

宝宝最爱的营养

花生含有卵磷脂可以促进宝宝大脑的发育，且花生红衣具有健脾胃的作用，所以非常适合宝宝食用。

大米糯米糊

健脾养胃、止虚汗

材料

大米30克，糯米60克。

做法

1. 大米、糯米淘洗干净，用清水浸泡2小时。
2. 锅内倒水30克烧开，倒入大米和糯米，煮至米烂黏稠，过滤去渣，凉温即可。

宝宝最爱的营养

大米和糯米都富含淀粉、维生素B_1、维生素B_2、维生素B_3等，营养丰富，具有健脾养胃的功效，是宝宝不错的辅食来源。

红薯泥

宽肠胃，预防便秘

材料

红薯30克。

做法

1. 红薯洗净，去皮。
2. 将红薯放入蒸锅中蒸熟，用汤匙压成泥即可。

宝宝最爱的营养

红薯富含膳食纤维和B族维生素，能帮助宝宝摄取均衡营养，有利于宽肠胃，预防宝宝便秘。

红薯米糊

防止宝宝便秘

材料

大米20克，红薯10克。

做法

1. 大米洗净，浸泡30分钟，沥干，放入搅拌器中磨碎。
2. 将红薯洗净，蒸熟，然后去皮捣碎。
3. 把磨碎的大米和适量水倒入锅中，用大火煮开后，放入红薯碎，调小火充分煮开。
4. 用过滤网过滤，取汤糊即可。

宝宝最爱的营养

红薯中所含的可溶性膳食纤维有助于促进宝宝肠道益生菌的繁殖，能防止宝宝便秘。

玉米粒新做法

新鲜玉米粒洗净，煮熟，放入搅拌器中搅拌成玉米浆，然后和其他果蔬搭配做成泥，也是不错的美味辅食。

鲜玉米糊 提高人体免疫力

材料

玉米粒35克。

做法

1. 新鲜玉米粒洗净，加入少量清水，用榨汁机搅拌成浆。
2. 用干净纱布将玉米汁过滤，煮沸至呈黏稠状即可。

宝宝最爱的营养

玉米含有胡萝卜素、维生素E、黄体素、玉米黄质等，能提高宝宝机体的免疫力。

菜花新做法

菜花洗净，去掉茎部，花冠部分放沸水中焯熟，放凉后用刀切碎，放入榨汁机中打成汁，喂给宝宝喝，也有提高宝宝免疫力的效果。

菜花米糊 提高宝宝免疫力

材料

大米20克，
菜花30克。

做法

1. 将大米洗净，浸泡30分钟，放入搅拌器中磨碎。
2. 将菜花放入沸水中烫一下，去掉茎部，将花冠部分用刀切碎。
3. 将磨碎的米和适量水倒入锅中，大火煮开，放入菜花碎，转成小火煮开，用过滤网过滤，取汤糊即可。

宝宝最爱的营养

菜花能提高宝宝肝脏的解毒功能，增强宝宝的免疫力。

苋菜泥

增强免疫力

材料

苋菜50克。

做法

1. 将苋菜洗净，保留叶子的部分。
2. 将苋菜叶放进开水中煮软。
3. 使用磨泥器，将煮软的苋菜叶磨成泥状（如果没有磨泥器可以用菜刀自己剁碎）。

宝宝最爱的营养

苋菜富含硒元素，常食可以增强宝宝机体免疫功能，有利于宝宝的身体健康。

土豆米糊

利尿、助排泄

材料

大米20克，土豆10克。

做法

1. 大米洗净，泡20分钟，搅拌器磨碎；蒸熟土豆，去皮捣碎。
2. 锅中放入大米碎和水，大火煮开，放入土豆碎，转小火煮烂。
3. 用过滤网过滤，取汤糊即可。

宝宝最爱的营养

土豆富含钾元素，有利尿的作用，能帮助宝宝排泄体内多余的水分和部分废物，促进宝宝健康成长。

圆白菜米糊 消除疲劳、预防感冒

材料

大米20克，
圆白菜10克。

做法

1. 大米洗净，浸泡30分钟，放入搅拌器中磨碎；圆白菜洗净，放入沸水中充分煮熟后，用刀切碎。
2. 将磨碎的大米倒入锅中，加适量水大火煮开，放入圆白菜碎，调成小火煮开。
3. 用勺子捣碎成糊状即可。

宝宝最爱的营养

圆白菜含有丰富的B族维生素、维生素C和膳食纤维，能帮助宝宝消除疲劳，预防感冒。

圆白菜新做法

圆白菜洗净，切成碎，放入榨汁机中打成汁，喂给宝宝喝，也具有消除疲劳、促进宝宝肠胃蠕动的作用。

胡萝卜新做法

将胡萝卜洗净，去皮，用花型模子切成小花、月亮、小鱼等形状，让宝宝拿着吃，能促进宝宝的手脑发育。

胡萝卜泥 促进视觉神经末梢发育

材料

胡萝卜50克。

做法

1. 胡萝卜洗净，去皮，切块蒸熟。
2. 然后磨成泥状，加少许温水搅拌均匀即可。

宝宝最爱的营养

胡萝卜中富含类胡萝卜素，能促进宝宝视觉神经末梢发育，保护宝宝的视力。

胡萝卜汁

清热止血

材料

胡萝卜20克。

做法

1. 胡萝卜洗净，去皮，切成小块。
2. 将切好的胡萝卜块放入榨汁机中搅打成汁。
3. 胡萝卜汁过滤去渣即可。

宝宝最爱的营养

胡萝卜汁可以清热止血，对风热感冒的宝宝比较适用，但大便稀薄的宝宝不宜饮用。

南瓜汁

驱虫解毒、健胃助消化

材料

南瓜100克。

做法

1. 南瓜去皮、瓤，切成小丁，蒸熟，然后将蒸熟的南瓜用勺压烂成泥。
2. 在南瓜泥中加入适量开水稀释调匀后，放在干净的细漏勺上过滤一下，取汁即可。

宝宝最爱的营养

南瓜去皮越薄越好，因为距离南瓜皮越近的部分，营养越丰富。

南瓜新做法

将南瓜去瓤、子和皮，切小块，蒸熟，然后用勺压烂成泥后喂食，也有预防宝宝便秘的作用。

南瓜米糊　预防宝宝便秘

材料

大米20克，
南瓜10克。

做法

1. 大米洗净，浸泡30分钟，放入搅拌器中磨碎；南瓜去瓤、子和皮，洗净，放入蒸锅中充分蒸熟，放入碗中，捣碎。
2. 把磨碎的米和适量水倒入锅中，用大火煮开，放入南瓜碎，转小火煮烂，用过滤网过滤，取汤糊即可。

宝宝最爱的营养

南瓜含有丰富的膳食纤维，能促进宝宝肠胃蠕动，加速肠道废物排出，预防宝宝便秘。

混合蔬菜泥 补充维生素

材料

西蓝花、胡萝卜各10克，土豆20克。

做法

1. 西蓝花用开水烫一下后捞出，沥干水分，取花冠部分切碎；胡萝卜去皮，切丁；土豆洗净，去皮，切成5厘米见方的小块。
2. 锅内加清水，放入西蓝花碎、胡萝卜丁和土豆块，煮至熟烂，用勺子将煮好的蔬菜块碾碎，搅匀即可。

宝宝最爱的营养

西蓝花、胡萝卜、土豆都含有多种维生素，搭配食用能为宝宝补充多种维生素，促进宝宝健康成长。

胡萝卜新做法

可以将切好的胡萝卜丁、土豆块、西蓝花碎和适量温开水放入搅拌机中搅碎，过滤取汁，喂给宝宝喝，能为宝宝提供身体所需的多种维生素。

油菜新做法

可以将小油菜、小白菜分别洗净，放入搅碎机中搅碎，去渣取汁，喂给宝宝喝，也能为宝宝提供成长发育所需的多种营养素。

米粉蔬菜糊 促进生长发育

材料

胡萝卜、小白菜、小油菜、婴儿米粉各20克。

做法

1. 将胡萝卜、小白菜、小油菜分别洗净，切碎，放入沸水中煮约3分钟，熄火。
2. 待水稍凉后，加入婴儿米粉搅成糊状即可。

宝宝最爱的营养

胡萝卜、小白菜、小油菜含有多种维生素，婴儿米粉营养更丰富，搭配食用能促进宝宝生长发育。

宝宝最爱的营养

南瓜和胡萝卜中含有维生素C、胡萝卜素等营养物质，有健胃消食、明目、润肠通便、增强食欲等多种作用，特别适合宝宝在夏秋季节食用。

南瓜新做法

将南瓜洗净，去瓤、子和皮，切小块，上锅蒸熟，然后用模子刻成花猫脸等形状，让宝宝吃也能起到增强食欲的作用。

南瓜胡萝卜汁 增强食欲

材料

南瓜30克，胡萝卜25克。

做法

1. 南瓜洗净，去瓤和子，切小块，放蒸锅内蒸熟后去皮，放凉备用；胡萝卜洗净，去皮，切小块，蒸熟。
2. 将南瓜块、胡萝卜块放入果汁机中，加适量清水搅碎，去渣取汁即可。

宝宝最爱的营养

此汁富含维生素C、胡萝卜素等营养物质，有健胃消食、明目、润肠通便、增强食欲等多种作用，特别适合宝宝在夏秋季节饮用。

芋头玉米泥

健脑、保护牙齿

材料

芋头、玉米粒各50克。

做法

1. 芋头去皮，洗净，切成块状，放入水中煮熟。
2. 玉米粒洗净，煮熟，放入搅拌器中搅拌成玉米浆。
3. 用勺子背面将熟芋头块压成泥状，放入玉米浆中，搅拌成泥状即可。

宝宝最爱的营养

玉米中富含氨基酸，能促进脑细胞代谢，芋头中氟的含量较高，二者搭配食用有健脑、保护牙齿的作用。

山药羹

健脾益气、增进食欲

材料

山药30克，糯米50克。

做法

1. 山药去皮，洗净，切块；糯米淘洗干净，放入清水中浸泡3小时，然后和山药块一起放入搅拌机中打成汁。
2. 再放入锅中煮成羹即可。

宝宝最爱的营养

山药含有淀粉酶、多酚氧化酶等物质，有利于宝宝健脾益气、促进消化；糯米有温补脾胃的作用，两者搭配食用有利于健脾益气、增进食欲。

山药苹果泥

防止腹泻

材料

山药50克，苹果30克。

做法

1. 山药去皮，洗净，切块后上锅蒸熟。
2. 苹果洗净，去皮和核，切成小块。
3. 将山药块和苹果块放入搅拌机中，搅拌成糊状即可。

宝宝最爱的营养

苹果富含果胶、苹果酸、维生素等，搭配山药一起食用，有防止腹泻的多重效果。

牛肉泥

强健身体

材料

牛瘦肉30克。

做法

1. 牛瘦肉洗净，切块，用搅碎机搅成泥。
2. 将肉泥上锅隔水蒸熟，揉成圆形即可。

宝宝最爱的营养

牛肉脂肪含量低，蛋白质含量比猪肉还丰富，它含有的氨基酸比例和人体的比例几乎一致，对促进宝宝健康成长有非常积极的作用。

牛肉新做法

牛肉可以剁成碎末，做成丸子，煮熟，给10个月以上的宝宝食用，也有利于促进身体发育。

牛肉番茄土豆泥 促进身体发育

材料

牛肉20克，
番茄10克，
土豆50克。

做法

1. 土豆洗净，去皮，切小块；番茄洗净，去皮，切小块；牛肉洗净，切成肉末。
2. 将土豆块、番茄块、牛肉末分别蒸熟，然后将土豆块、番茄捣碎。
3. 将土豆碎、番茄碎和牛肉末一起拌匀，调成泥即可。

宝宝最爱的营养

牛肉是强壮宝宝身体的优良食材，土豆富含碳水化合物，番茄含有维生素，三者搭配食用，能够促进宝宝身体的健康发育。

白菜肉泥

润肠通便

材料

猪瘦肉25克，大白菜50克，虾皮少许。

做法

1. 大白菜洗净，切成碎末；猪瘦肉洗净，剁成肉泥。
2. 虾皮洗净，水泡片刻去掉咸味，控干水，切成碎末。
3. 把肉泥、虾皮末顺一个方向搅拌均匀，然后放入菜末拌匀，上蒸笼蒸熟即可。

宝宝最爱的营养

白菜中膳食纤维能促进肠道蠕动，猪肉富含的脂肪有润肠的作用，二者搭配食用具有润肠通便的功效。

鸡肝小米粥

养血、明目

材料

鲜鸡肝、小米各30克，香葱末适量。

做法

1. 鸡肝洗净，切碎；小米淘洗干净。
2. 锅中倒水烧开，放入小米煮开，转小火煮约15分钟，放入鸡肝碎煮至小米开花。
3. 粥煮熟后，撒上香葱末即可。

宝宝最爱的营养

小米具有和胃安眠，滋阴养血的作用；鸡肝可以防治宝宝眼睛干涩、疲劳，维持肤色健康，还有补血的作用。

鸭肝牛肉泥

明目、预防缺铁性贫血

材料

鸭肝、牛瘦肉各25克。

做法

1. 鸭肝去筋膜，洗净，煮熟，碾成泥。
2. 牛瘦肉洗净，切末，放入耐热的碗中，送入蒸锅内蒸熟，取出，加鸭肝泥拌匀即可。

宝宝最爱的营养

鸭肝、牛瘦肉都含有丰富的铁质，宝宝常食具有明目、预防缺铁性贫血的作用。

鱼肉羹

促进骨骼发育、维护视力

材料

草鱼肉50克。

调料

豌豆淀粉10克。

做法

1. 鱼肉洗净，切成小片，入锅煮熟，去除鱼骨和皮，放入碗内研碎，放入锅内加鱼汤煮。
2. 豌豆淀粉用水调匀，倒锅内煮至糊状即可。

宝宝最爱的营养

鱼肉富含蛋白质、钙、磷、铁和多种维生素，能促进宝宝骨骼发育，此外鱼肉中谷氨酸含量较多，能促进宝宝神经系统的发育。

白萝卜炖鱼泥

健脑益智

材料

鱼肉20克，白萝卜泥20克，高汤80克，淀粉适量。

做法

1. 将高汤倒入锅中，再放入鱼肉煮熟。
2. 把煮熟的鱼肉取出，压成泥状，放入另一锅中，加入白萝卜泥大火煮开，用淀粉勾芡即可。

宝宝最爱的营养

炖鱼泥可以用各种鱼肉来做，但是一定要把鱼刺挑干净。鱼泥还可以拌在饭中，以增加宝宝的食欲。

薯泥鱼肉羹

促进生长发育

材料

土豆20克，鳕鱼肉10克。

做法

1. 土豆削外皮，洗净，切块；鳕鱼肉洗净。
2. 土豆放蒸锅中蒸软，鳕鱼肉放入煮锅中，加冷水没过鱼肉，大火煮熟，捞出。
3. 将蒸熟的土豆和鱼肉放入碗中，压碎成泥。
4. 取适量鱼汤倒入土豆、鳕鱼泥中，搅拌均匀成黏稠状即可。

宝宝最爱的营养

土豆含有丰富的维生素、微量元素；鳕鱼富含蛋白质、维生素A、维生素D，因此食用该肉羹能促进宝宝的生长发育。

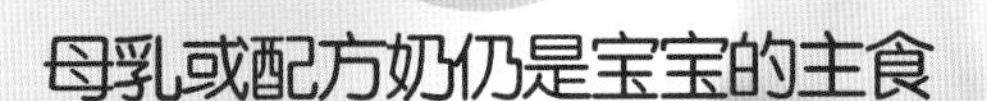

通过肉类补充铁质

添加辅食要关注大便

Part 4

7~9个月宝宝，可以吃末状辅食了

7~9个月宝宝的饮食在以母乳或配方奶为主的基础上，每天可以添加2~3次辅食。辅食添加的种类也多了起来，如强化铁的米粉、稠粥、面条、碎菜、肉泥、肝泥、动物血等动物性食物、蛋黄等，可以锻炼宝宝的咀嚼吞咽能力。同时，也可以让宝宝体验手抓食物的乐趣，可以锻炼宝宝的手部协调能力。此外，要逐渐使辅食多样化，这样可以保证宝宝成长发育所需的营养。

7~9个月宝宝能力发育图解

1 语言沟通

头转向声源

会发出单音

2 细动作

将东西从一只手
转到另一只手

自己会抓住东西
往嘴里送

用双手拿着杯子

3 粗动作

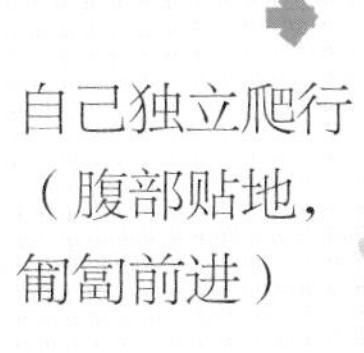

坐时，会挪动身体移向所要的物体

不用扶持，可坐稳

自己独立爬行（腹部贴地，匍匐前进）

4 自我控制和社交能力

害怕陌生人

自己拿着饼干吃

辅食喂养指南

宝宝主食和辅食喂养要点

母乳或配方奶

4~5 次 / 日，奶量 800 毫升 / 日左右。

辅食

谷类：强化铁的米粉、稠粥或面条，每日 30~50 克。

蔬菜水果：每日碎菜 25~50 克，水果 20~30 克。

肉类：开始添加肉泥、肝泥、动物血等动物性食品。

蛋类：开始添加蛋黄，每日自 1/4 个逐渐增加至 1 个。

7~9个月宝宝一日饮食计划

06：00	母乳或配方奶	160毫升
08：00	鸡蛋羹或蔬菜面	10克
10：00	蛋黄	10克
12：00	母乳或配方奶	160毫升
14：00	南瓜粥	160毫升
16：00	白开水	15毫升
17：00	红薯小米粥、豆腐羹	160毫升
21：00	母乳或配方奶	160毫升

宝宝辅食已经从泥糊状转为末状了，在这个适应过程中，宝宝的体重增长逐渐缓慢，但仍在稳步增长着，这个阶段宝宝体重每月平均增长0.22~0.37千克就在正常范围内。

母乳或配方奶仍是宝宝的主食

虽然辅食的量和次数在慢慢增多，但不要忘记这个时期还是要以母乳或配方奶为主食。随着辅食量增多，授乳量会慢慢减少，但完全断奶对宝宝是不利的。每天至少授乳4~5次，总量应在800毫升左右。最好在吃完辅食后再授乳。

这个时期需要添加的辅食是以含蛋白质、维生素、矿物质为主要营养素的食物，包括蛋、肉、蔬菜、水果，其次是碳水化合物。每次喂的辅食量应因人而异，食欲好的宝宝应稍微吃得多一点。因此，不用太依赖规定的量，每次80~120克，不宜喂过多或过少。

宝宝辅食要均衡营养

这个阶段，宝宝辅食的进食量增加，妈妈们要给宝宝制定营养全面而均衡的食谱。粥、面条、馄饨是富含碳水化合物的食物，新鲜的蔬菜和水果是富含维生素的食物，鸡肉、鸡蛋、鱼肉等是富含蛋白质的食物，妈妈们要注意将富含这三种营养素的食物搭配在一起给宝宝做辅食。

开始每天喂一次零食

到这个时期，宝宝开始学会爬行，扶住某一东西起立，活动量会增加很多，因此应增加辅食来补充热量的需求。但一次消化大量的食物，对宝宝来说是个负担，增加次数才是要领。因此，这一时期除辅食外，还应一天喂1~2次零食来补充热量和营养。煮熟或蒸熟的天然材料是适合宝宝的最佳零食。饼干或饮料之类的食物热量和含糖量过高，不宜过多食用。

喂养日记

为宝宝制作辅食要注意卫生。鱼的体表经常会有寄生虫和致病菌，鱼腹腔内的膜，是有毒物质的淤积处。为宝宝做鱼时，要把鱼鳞刮净，去掉鱼内的黑膜。此外，鸡、鸭、鹅的臀尖也会积淀有毒物质，烹制时要去掉。

不要给宝宝吃含有添加剂的辅食

有些加工过的袋装或瓶装食品在加工的时候会加入一定的防腐剂、色素等添加剂，而宝宝娇弱的身体各组织器官对化学物质的反应和解毒功能都比较弱，如果食用了这些食物，会加重宝宝脏器的排泄解毒负担，甚至会因为某些化学物质的积累而引起慢性中毒。所以，不要让宝宝食用含有食品添加剂的食物。

这样黏稠度的食物适合7~9个月宝宝食用

大米：米粉与水的比例为1：5，类似沙拉酱的黏稠度。

土豆：土豆煮3分钟后切碎。

胡萝卜：煮3分钟后切碎。

西蓝花：除去硬茎，将花冠部分用热水烫一下后切碎。

菠菜：在沸水里烫一下后将叶切碎。

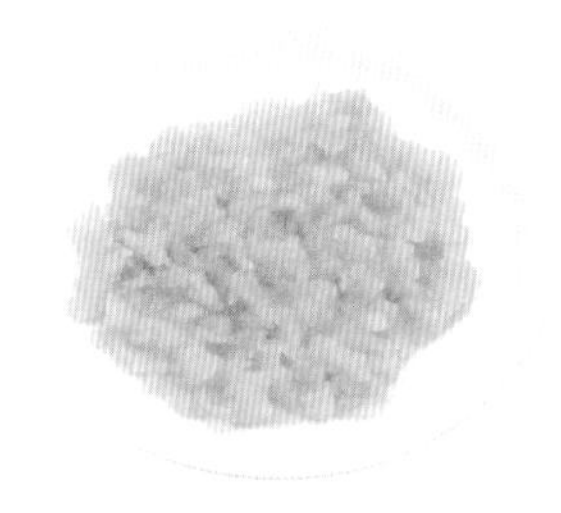

苹果：将磨好的苹果煮一会儿。

食物最好用刀切碎后再喂

宝宝到了这个时候，就可以用舌头把食物推到上腭了，然后再嚼碎吃。所以说，这个阶段最好给宝宝喂食一些带有质感的食物，不用磨成粉，但要用刀切碎了再喂。

这个月，宝宝吃的食物软硬度以可以用手捏碎为宜，如豆腐的软度即可。大米也不用完全磨成粉，磨碎一点就可以了。

通过吃肉来补充铁质

宝宝到7个月时，从母体中得到的铁质已经基本耗尽。最好通过摄取肉来补充体内的铁质。比较适合补铁的肉类有鸡胸肉和牛肉，所以最好将瘦肉捣碎后放到粥中喂食，更有助于宝宝消化吸收。

怎样知道宝宝吃饱了

妈妈在给宝宝喂食物时，要密切关注宝宝，宝宝吃饱后会发出以下信号：

① 注意力不再集中在妈妈手里的勺子上，开始玩。

② 开始吐泡泡。

③ 用手将勺子推开。

④ 妈妈把食物送到嘴边时，宝宝会将头转向另一边，不再像开始进食时那样有很强的欲望。

添加辅食要观察宝宝大便

妈妈要注意观察宝宝的大便，给宝宝吃了西瓜、胡萝卜后大便会有红色，吃了青菜大便会有绿色……因有不完全消化的食物而排出颜色各异的大便，这种情况是正常的，妈妈不必过于担心。

让宝宝学会自己吃东西

这个时期的宝宝，小臂肌肉很发达，会自己用手来拿东西吃了，可以将煮熟的蔬菜和水果放凉点，让宝宝自己用手拿着吃。这样不仅能促进宝宝手和大脑的协调性，还可以促进小臂肌肉的发育。

爸爸妈妈需要做的是首先摆正观念，不要怕脏和乱，只要孩子会坐或有了自己吃饭的欲望，就要将小勺交到他手里。

妈妈不要觉得宝宝一个人吃饭可怜、收拾起来费劲，而坚持喂饭，甚至为了让宝宝多吃一口，跟在他屁股后面追，这样容易养成宝宝吃饭慢、吃饭费劲的不良习惯。如果妈妈怕弄脏，可在桌子上铺上塑料布，并给宝宝戴好塑料围嘴。当然，爸爸妈妈应该在一旁与宝宝一起吃，带汤水的由大人喂，比较干的由宝宝自己吃。

宝宝跟大人一起吃饭的注意事项

抱着宝宝到饭桌旁，一定要注意安全，热的饭菜不要放在宝宝身边，防止宝宝把饭菜弄翻，导致烫伤。宝宝的皮肤娇嫩，即使大人感觉不很烫的食物，也很有可能把宝宝烫伤。不要让宝宝拿着筷子或饭勺玩耍，以免戳到眼睛或喉咙。

当宝宝自己吃饭的时候，妈妈要注意宝宝食物的大小和硬度，避免宝宝噎着。

手抓食物：让聪明宝宝爱上吃饭

7~9个月宝宝既可以坐稳了，还能随意爬了，那么动手抓东西的能力也有了很大的进步。此外，宝宝的乳牙也开始长出，妈妈做些有硬度的手抓食物，可以很好地缓解乳牙萌出的痛感，还能促进宝宝手部灵活性，但要注意宝宝手的卫生问题。

豆腐

将豆腐煮熟后切成2厘米左右的小方块后给宝宝吃，如果宝宝不习惯豆腐的味道，一定不要强迫他吃，以后多尝试几次也许就能接受了。

全麦面包片

把切片面包四周的硬皮去掉，留中间的芯切成2厘米左右的小丁给宝宝食用。

熟透的桃子

尽量选软的桃子，将桃子去核后切成2厘米左右的小块再给宝宝吃。

南瓜大米粥 促进宝宝食欲

材料

南瓜30克，
大米50克。

做法

1. 南瓜洗净，去瓤、子、皮，切丁；大米洗净。
2. 将南瓜丁和大米放入锅中，加适量清水熬煮。
3. 煮至南瓜和大米熟透、黏稠即可。

宝宝最爱的营养

南瓜中含有非常丰富的胡萝卜素及矿物质等，可以保护宝宝的视力。

红薯小米粥 调节脾胃虚热

材料

红薯20克，
小米30克。

做法

1. 将红薯去皮，切成小块备用。
2. 小米洗净入锅，加适量水，放入红薯丁，大火烧开后，转小火煮。
3. 小火煮沸20~30分钟后，成黏稠状即可关火。

宝宝最爱的营养

小米具有调节宝宝脾胃虚热的功能，对宝宝娇嫩的肠胃有保护的作用。

一日辅食巧搭配

+ 红薯小米粥
+ 鸡蓉汤
+ 豆腐羹

红薯新做法

红薯洗净，去皮，上锅蒸熟，然后压成泥，喂给宝宝吃，可以促进宝宝肠胃蠕动，预防便秘的发生。

菠菜蛋黄粥

益智健脑

材料

鸡蛋1个，菠菜20克，软米饭50克。

调料

高汤适量。

做法

1. 将菠菜洗净，开水焯烫后切成末，放入锅中，加适量清水煮成糊状。
2. 鸡蛋煮熟，取蛋黄，和软米饭、适量高汤放入锅内，煮成粥状。
3. 将菠菜糊加入蛋黄粥中即可。

宝宝最爱的营养

蛋黄中含有丰富的蛋白质和卵磷脂，能促进宝宝大脑发育，有利于益智开发。

鸡肉青菜粥

补充优质蛋白质

材料

大米粥50克，鸡肉末10克，青菜碎15克。

调料

鸡汤15 毫升。

做法

1. 锅内倒油烧热，将鸡肉末煸炒至半熟。
2. 放入青菜碎，一起炒熟，盛出备用。
3. 将炒好的鸡肉末和青菜碎放入大米粥内，加入鸡汤熬成粥即可。

宝宝最爱的营养

鸡肉含有丰富的蛋白质，剁成末熬煮给宝宝食用，有利于宝宝消化吸收，促进其生长发育。

蛋黄粥

健脑益智、养眼

材料

大米50克，熟蛋黄1个。

做法

1. 将大米淘洗干净，用清水浸泡30分钟。
2. 将大米和适量清水放入锅中，用大火煮沸，再转小火熬成粥稠。
3. 将熟蛋黄放入碗内，碾碎后加入粥锅中，煮开即可。

宝宝最爱的营养

蛋黄含有丰富的卵磷脂、维生素A、叶黄素等，能促进宝宝大脑的发育，还能保护宝宝的眼睛。

饼干粥

补充宝宝体力

材料

大米15克，婴儿专用饼干2片。

做法

1. 大米淘洗干净，放入清水中浸泡30分钟。
2. 锅置火上，放入大米和适量清水，大火煮沸，转小火熬煮成稀粥。
3. 将饼干捣碎，放入粥中稍煮片刻即可。

宝宝最爱的营养

大米和饼干都含有碳水化合物，且容易消化吸收，宝宝常食可以增强宝宝的体力。

花生大米粥 开胃、健脾

材料

花生仁50克，
大米100克。

做法

1. 将花生仁捣碎；大米淘洗干净，用清水浸泡30分钟。
2. 将花生仁碎和大米放入锅中，大火煮开，转小火煮熟即可。

宝宝最爱的营养

花生仁富含蛋白质和不饱和脂肪酸，和大米一起煮粥能醒脾开胃，促进宝宝食欲；且花生仁含锌量很高，可以作为宝宝补锌的食物。

燕麦南瓜粥 促进消化

材料

原味燕麦片30克，大米50克，小南瓜25克。

做法

1. 将南瓜洗净，削皮，去瓤和子，切成小块；大米洗净，用清水浸泡30分钟。
2. 锅置火上，将大米和清水一同放入锅中，大火煮沸后改小火煮20分钟。放入南瓜块，小火煮10分钟。再加入燕麦片，继续用小火煮10分钟即可。

宝宝最爱的营养

燕麦和南瓜都富含丰富的膳食纤维，有利于肠胃蠕动，促进消化吸收，适合偏胖的宝宝食用。

一日辅食巧搭配

+ 燕麦南瓜粥
+ 三角面片
+ 奶汤蛋黄糊

燕麦新做法

将燕麦片和熟花生仁倒入全自动豆浆机中，加水至上、下水位线之间，按下“米糊”键，煮至豆浆机提示米糊做好即可喂给宝宝吃。

圆白菜西蓝花粥 提高免疫力

材料

圆白菜、西蓝花各10克，洋葱5克，米粉15克。

做法

1. 取圆白菜心部，捣碎；洋葱去老皮，洗净，切碎；西蓝花洗净，切碎。
2. 锅置火上，加适量水，放入米粉搅匀，放入圆白菜碎、西蓝花碎、洋葱碎搅匀煮熟即可。

宝宝最爱的营养

西蓝花有很好的提高宝宝免疫力的功效，而且也是十大健康食物之一，家长们可以让宝宝尽量多食。

番茄蛋黄粥 让宝宝眼睛更明亮

材料

番茄70克，鸡蛋黄1个，大米50克。

做法

1. 番茄去皮，捣成泥；鸡蛋黄搅散；大米洗净，用清水浸泡30分钟。
2. 锅置火上，放入适量水，放入大米煮粥。
3. 待大米熟时，加入番茄泥，稍煮，倒入蛋黄液，迅速搅拌，煮一会儿即可。

宝宝最爱的营养

蛋黄中含有丰富的维生素A、维生素D，能保护宝宝视力；番茄含有丰富的番茄红素，能够保护宝宝的视网膜健康。

一日辅食巧搭配

+番茄蛋黄粥
+菠菜肉末面
+红枣核桃米糊

番茄新做法

番茄洗净，沸水烫一下，去皮，切小块放入搅碎机中，去渣取汁，喂给宝宝喝，可以起到滋润宝宝皮肤的作用。

紫菜蛋黄粥　开胃、健脾

材料

大米30克，鸡蛋黄1个，紫菜3克，熟芝麻适量。

做法

1. 大米洗净，浸泡30分钟，沥干；鸡蛋取蛋黄打散；紫菜用剪刀剪成细碎。
2. 锅中火上，倒入大米，炒至透明。
3. 加入适量水，大火熬煮成粥，放入蛋黄搅散，再加上紫菜碎和熟芝麻煮熟即可。

宝宝最爱的营养

鸡蛋黄和紫菜都富含卵磷脂以及DHA，有利于宝宝大脑和智力的发育。

黑芝麻核桃粥 健脑益智

材料

黑芝麻30克，
核桃仁20克，
糙米60克。

做法

1. 将核桃仁洗净，切碎；糙米洗净，用水浸泡30分钟。
2. 将核桃仁碎、黑芝麻连同浸泡好的糙米一起入锅煮至熟烂即可。

宝宝最爱的营养

核桃、黑芝麻富含的卵磷脂对宝宝大脑发育有良好的促进作用，糙米含有丰富的B族维生素，能帮助完善宝宝的神经发育。

一日辅食巧搭配

+ 黑芝麻核桃粥
+ 荠菜汁
+ 蛋黄土豆泥

糙米新做法

将糙米洗净，浸泡30分钟，然后放入豆浆机，再加入一些坚果类的食物，如腰果等，按下“米糊”键就可以制作营养丰富的米糊了，非常适合宝宝喝。

蛋黄南瓜小米粥 开胃、健脑、助眠

材料

鸡蛋1个，南瓜、小米各80克。

做法

1. 鸡蛋煮熟，取蛋黄碾碎；南瓜洗净，去瓤、子和皮，切块，隔水蒸熟，捣成泥。
2. 锅中加水，放入小米煮熟。
3. 粥煮熟后，加入蛋黄碎、南瓜泥，搅匀即可。

宝宝最爱的营养

蛋黄有健脑的作用，南瓜可以开胃，小米能帮助睡眠。三者搭配，适合宝宝经常食用。

小白菜洋葱土豆粥 健脾、开胃

材料

大米50克，土豆、小白菜各20克，洋葱25克。

做法

1. 大米淘洗干净，用清水浸泡30分钟，把泡好的米轻度研碎；土豆和洋葱去皮后捣碎；小白菜择洗干净，取菜叶部分捣碎。
2. 锅置火上，把大米放入锅里大火煮开，然后放入土豆碎、洋葱碎、小白菜碎，调小火煮熟烂即可。

宝宝最爱的营养

土豆能健脾养胃；洋葱可杀菌、开胃；小白菜富含膳食纤维，可预防便秘。三者搭配食用，能促进宝宝健康成长。

一日辅食巧搭配

+ 小白菜洋葱土豆粥
+ 鸡蓉汤
+ 蛋黄泥

糙米新做法

将洋葱外面的老皮去掉，对半剖开，切成丝，然后裹上面粉，入平底锅煎一下，放凉让宝宝拿着吃，既可以增加宝宝的食欲，还能增强宝宝的抵抗力。

猪肝新做法

将猪肝洗净，剁成泥和猪肉泥混合做成丸子，蒸熟给宝宝吃，既能增强宝宝对吃的兴趣，还能提供丰富的营养物质，促进宝宝身体快速发展。

猪肝蛋黄粥 补铁、提高智力

材料

猪肝30克，大米40克，熟鸡蛋1个。

做法

1. 猪肝洗净，剁碎；大米淘洗干净，用清水浸泡30分钟。
2. 熟鸡蛋去皮，取蛋黄压成泥。
3. 锅置火上，加水烧开，放入大米，用小火煮成稀粥。
4. 将猪肝碎、蛋黄泥加入稀粥中煮3分钟即可。

宝宝最爱的营养

猪肝中不但花生四烯酸（ARA）含量丰富，铁的含量也很高，适合作为宝宝补铁及提高智力的食材；鸡蛋富含优质蛋白质、卵磷脂，可作为宝宝很好的营养来源。二者搭配食用，对宝宝大脑的发育非常有好处。

香蕉粥 增强抵抗力

材料

香蕉1根，大米80克。

做法

1. 香蕉去皮，切丁；大米淘洗干净，用清水浸泡30分钟。
2. 将大米放入锅中烧开，煮20分钟，加入香蕉丁熬成粥即可。

宝宝最爱的营养

香蕉粥色香味都很纯正，且营养丰富，能促进宝宝食欲，帮助宝宝胃肠消化，还能增强宝宝对疾病的抵抗力。

一日辅食巧搭配

+ 香蕉粥
+ 菠菜鸡蛋面
+ 胡萝卜泥

香蕉新做法

香蕉去皮，切成手指大小的粗条，自然风干，就是自制的香蕉磨牙棒。让宝宝自己拿着吃，既可以锻炼手指的协调能力，还能减少乳牙的萌出带来的疼痛感。

黑芝麻小米粥　让宝宝头发乌黑

材料

小米50克，
黑芝麻10克。

做法

1. 黑芝麻洗净，晾干，研成粉末；小米洗净。
2. 锅置火上，加入适量清水，放入小米大火烧沸，转小火熬煮。
3. 小米熟烂后，慢慢放入芝麻粉末，搅拌均匀即可。

宝宝最爱的营养

黑芝麻含有维生素E、B族维生素、多种氨基酸及磷、铁等矿物质，可改善发质，让宝宝头发乌黑亮丽。

一日辅食巧搭配

+ 黑芝麻小米粥
+ 蛋花汤
+ 蔬菜豆腐泥

黑芝麻新做法

黑芝麻洗净，和淘洗干净的小米、适量清水一起放入豆浆机中，按下“米糊”键，煮至豆浆机提示米糊已做好即可喂给宝宝吃，也能起到保护宝宝头发的作用。

小猫红薯山药泥　提高宝宝免疫力

材料

山药50克，红薯40克，胡萝卜10克，海苔5克。

做法

1. 山药洗净；红薯去皮，洗净；胡萝卜洗净，切薄片。
2. 将带皮山药、去皮红薯、胡萝卜片上锅蒸熟，其中胡萝卜片蒸熟5分钟时取出。
3. 揭去山药皮，用研磨器把红薯和山药一起磨成泥。
4. 用勺子堆出一个小猫的形状（也可直接用模具）。
5. 用部分胡萝卜剪成小花猫的头发，剩下胡萝卜剪成星星、月亮、小鱼等形状装饰盘子四周，用海苔剪成小猫的眼睛、鼻子、嘴、胡须装饰即可。

宝宝最爱的营养

山药、红薯、胡萝卜都是营养丰富的食物，常吃有利于帮助宝宝抵抗疾病的侵袭，提高宝宝的免疫力。

一日辅食巧搭配

\+ 小猫红薯山药泥
\+ 蛋黄胡萝卜泥
\+ 鸡蓉汤

胡萝卜新做法

胡萝卜洗净，去皮，切小块，放入豆浆机中搅碎，去渣取汁，给宝宝喝，可以提供成长所需的多种营养素。

荠菜粥 预防宝宝便秘

材料

荠菜50克，
大米100克。

做法

1. 将荠菜洗净，汆烫一下后切成细末。
2. 大米洗净，用清水泡30分钟。
3. 锅中放入大米和适量清水，大火烧开，改小火煮20分钟，加入荠菜末再次开锅即可。

宝宝最爱的营养

荠菜含有丰富的膳食纤维，能促进宝宝肠道蠕动，起到通便的作用。

山药粥 缓解宝宝腹泻

材料

山药50克，
大米70克，
薏米30克。

做法

1. 山药去皮，洗净，切薄片；大米、薏米洗净，用清水浸泡30分钟。
2. 将大米、薏米洗净，放入锅中，加水，中火煮20分钟，放入山药片，煮至山药熟，粥烂即可。

宝宝最爱的营养

这款粥中，山药具有收敛的效果，能缓解宝宝腹泻；薏米和大米可以补充宝宝所需的蛋白质及能量等，所以有利于宝宝腹泻后的恢复。

一日辅食巧搭配

+ 山药粥
+ 猪肝蛋黄粥
+ 香蕉粥

山药新做法

将山药洗净，切成小丁，和大米一起煮粥，米烂粥稠即可，给宝宝吃，也可以有效地缓解宝宝腹泻的症状。

三角面片汤 利小便、除肺燥

材料

小馄饨皮4个，青菜10克，高汤80克。

做法

1. 馄饨皮沿一条对角线切一刀，再沿另一条对角线切一刀即为三角状的小馄饨皮；青菜洗净，切碎末。
2. 锅中放高汤煮开，放入三角面片，煮开后，放入青菜末，煮至沸腾即可。

宝宝最爱的营养

三角面片汤口味清淡、口感软嫩，有助于宝宝消化吸收，同时还具有利小便、除肺燥的作用。

番茄菠菜排骨面 预防缺铁性贫血

材料

番茄1个，菠菜2根，豆腐50克，超细面条15根，排骨汤少许。

做法

1. 将番茄洗净，用开水烫一下，去皮切碎；菠菜洗净，取菠菜叶切碎；豆腐洗净，切碎。
2. 排骨汤放入锅中煮沸，倒入番茄、菠菜碎和豆腐碎，待汤略沸后再加入面条，煮至面条熟软即可。

宝宝最爱的营养

菠菜含有丰富的铁质，宝宝常吃有利于预防缺铁性贫血。

一日辅食巧搭配
+ 菠菜排骨面
+ 香芹洋葱蛋花汤
+ 猪肝泥

菠菜新做法

菠菜洗净，沸水焯烫一下，切成段，加适量水，放入搅碎机中搅碎，去渣取汁，给宝宝喝，既可以让宝宝享受天然食物的美味，还能预防宝宝缺铁性贫血。

香蕉黑芝麻糊

乌发护发

材料

黑芝麻100克，香蕉40克。

做法

1. 黑芝麻去杂后，洗净，炒熟，碾碎；香蕉剥皮，切段。
2. 将黑芝麻碎和香蕉段放入豆浆机中，加入适量白开水，搅拌成糊即可。

宝宝最爱的营养

香蕉搭配黑芝麻，有润肠通便、补养肝肾、乌发护发的作用，对宝宝十分有益。

红枣核桃米糊

益气血、健脾胃

材料

大米50克，红枣20克，核桃仁30克。

做法

1. 大米淘洗干净，用清水浸泡30分钟；红枣洗净，用温水浸泡30分钟，去核。
2. 将大米、红枣和核桃仁倒入全自动豆浆机中，加水至上、下水位线之间，按“米糊”键，煮至米糊好即可。

宝宝最爱的营养

红枣可益气血、健脾胃，改善血液循环，对宝宝贫血有不错的防治疗效。

红薯菜花粥

提高免疫力

材料

大米20 克，红薯30 克，菜花10 克。

做法

1. 大米洗净，浸泡半小时。
2. 红薯洗净，蒸熟，去皮捣碎；菜花用开水烫一下，去茎部，捣碎。
3. 将大米和适量清水放入锅中，大火煮开，放入红薯碎、菜花碎和葡萄干碎，再调小火煮软烂即可。

宝宝最爱的营养

胡萝卜中胡萝卜素进入人体内，在肠道和肝脏内可转化为维生素A，有保护眼睛、促进生长发育、增强免疫力的作用。

胡萝卜小米粥

明目、辅助治疗腹泻

材料

小米50克，胡萝卜30克。

做法

1. 小米洗净，煮成小米粥。
2. 胡萝卜去皮，洗净，切块，蒸熟。
3. 将胡萝卜块捣成泥，放入小米粥中，煮沸即可。

宝宝最爱的营养

胡萝卜含有十分可观的胡萝卜素、B族维生素、花青素、钙、铁等营养成分，有健脾和胃、补肝明目、清热解毒等功效。此外，这款粥还有助于宝宝腹泻的恢复。

薏米百合糊

清火润肺

材料

薏米50克，鲜百合30克。

做法

1. 薏米洗净，用清水泡2小时；鲜百合洗净，剥成小片。
2. 薏米、百合倒入全自动豆浆机中，加水至上、下水位线之间，按下“米糊”键，煮至提示米糊做好即可。

宝宝最爱的营养

薏米百合糊有清火祛热、润肺止咳的良好效果，对肺热引起的咳嗽也有辅助治疗的作用。

枣泥核桃糊

提高宝宝智力

材料

核桃仁50克，红枣30克，大米20克。

做法

1. 大米洗净，用清水浸泡30分钟。
2. 核桃仁用开水稍微浸泡，去皮；红枣洗净，去核。
3. 核桃仁、大米和红枣倒入粉碎机中搅碎。
4. 锅置火上，加适量水，倒入做好的核桃仁碎、大米碎、枣碎，煮至黏稠即可。

宝宝最爱的营养

核桃中富含B族维生素和维生素E，B族维生素参与蛋白质、脂肪、碳水化合物的代谢，使脑细胞的兴奋和抑制处于平衡状态；维生素E可以增强记忆力，强健大脑。

香椿肉末豆腐

清热化湿、增强食欲

材料

香椿芽20克，豆腐50克，肉末10克。

做法

1. 香椿芽洗净，切碎；豆腐冲洗后压成豆腐泥。
2. 锅置火上，爆香肉末，下入香椿芽碎，然后放入豆腐翻炒3分钟左右即可。

宝宝最爱的营养

香椿能清热化湿，和豆腐搭配，可以祛除肠胃湿热，增强宝宝食欲。

豆腐羹

促进骨骼生长

材料

豆腐1块，白粥1碗，青菜5克，香油少许。

做法

1. 将白粥放到锅中，加热至稍沸，转为小火。
2. 豆腐洗净，用勺子捣碎，加入粥中。
3. 将青菜洗净，剁碎，加入粥中煮沸后关火，滴上少许香油调味即可。

宝宝最爱的营养

豆腐富含钙质，宝宝多食，能促进牙齿和骨骼的生长和发育。

蔬菜豆腐泥 补充氨基酸

材料

胡萝卜8 克，
荷兰豆5 克，
嫩豆腐20克。

做法

1. 将胡萝卜去皮，与荷兰豆一起煮熟，剁成泥。
2. 锅中倒适量清水，加入荷兰豆泥和胡萝卜泥，然后将嫩豆腐边捣碎边放进去，煮至汤汁减少即可。

宝宝最爱的营养

豆腐中含有人体所需的8种氨基酸，胡萝卜和荷兰豆含有丰富的维生素和膳食纤维，几者配合，能为宝宝提供丰富均衡的营养。

黑米核桃糊 增强体质、促进头发生长

材料

黑米60克，核桃仁、大米各25克。

做法

1. 黑米、大米淘洗干净，用清水浸泡30分钟；核桃仁切碎。
2. 将大米、黑米、核桃仁碎一起放入豆浆机中，加水至上、下水位线之间，按下“米糊”键，煮至豆浆机提示米糊做好即可。

宝宝最爱的营养

核桃中含有丰富的维生素E和不饱和脂肪酸，宝宝多食能健脑、增强记忆力，有利于健康成长。搭配黑米和大米一起食用，可补中益气，增强宝宝体质。

一日辅食巧搭配

+ 黑米核桃糊
+ 蔬菜豆腐泥
+ 蛋黄胡萝卜泥

黑米新做法

黑米洗净，用水泡30分钟，然后和大米一起煮粥，煮至米烂粥稠即可给宝宝吃。

葡萄干土豆泥 防治宝宝贫血

材料

葡萄干10克，
土豆50克。

做法

1. 土豆洗净，去皮；葡萄干洗净，泡软，切碎。
2. 土豆蒸熟，用勺子压成土豆泥。
3. 将土豆泥和葡萄干碎搅拌均匀，放入模具中制成花型，然后用整颗葡萄干点缀即可。

宝宝最爱的营养

葡萄干含铁量丰富，可以预防和缓解宝宝贫血症状；土豆能提高免疫力。二者搭配，非常适合婴幼儿食用。

油菜蒸豆腐 补充优质蛋白质

材料

嫩豆腐50克，油菜叶10克，煮熟的蛋黄15克，水淀粉适量。

做法

1. 油菜叶洗净，放入沸水中焯烫一下，捞出切碎。
2. 豆腐放入碗内碾碎成泥状，然后加入切碎的油菜、水淀粉搅匀，再把蛋黄碾碎洒在豆腐泥表面。
3. 大火烧开蒸锅中的水，将盛有豆腐泥的碗放入蒸锅中，蒸10分钟即可。

宝宝最爱的营养

豆腐和鸡蛋黄都含有优质蛋白质，可以补充宝宝成长发育所需的蛋白质。

一日辅食巧搭配

+ 油菜蒸豆腐
+ 蛋黄汤
+ 香蕉黑芝麻糊

豆腐新做法

将豆腐洗净，用沸水焯烫一下，然后切丁，和猪血等炖煮即成。既容易被消化吸收，还能补充宝宝身体成长所需的蛋白质。

大黄鸭牛奶南瓜泥 促进成长

材料

南瓜50克，胡萝卜、海苔各20克，配方奶粉25克。

做法

1. 南瓜去皮、瓤和子；胡萝卜洗净，15克切块。
2. 去皮南瓜和胡萝卜块蒸熟（其中胡萝卜块蒸5分钟即可）。配方奶粉加温水搅开。
3. 将蒸熟的南瓜和适量的奶放入料理机搅成糊状，然后倒入碗中。
4. 将海苔剪成眼睛，5克胡萝卜片剪成鸭嘴，把海苔眼睛和胡萝卜嘴巴放在合适的位置，然后在眼睛上面用配方奶粉点上眼球即可。

宝宝最爱的营养

南瓜、胡萝卜都富含丰富的维生素和膳食纤维，加上配方奶粉一起给宝宝吃，营养全面，有利于宝宝健康成长。

鸡蛋玉米羹 提高宝宝视力

材料

玉米粒80克，
鸡蛋1个。

做法

1. 将玉米粒洗净，用搅拌机打成玉米泥。
2. 鸡蛋取蛋黄打散成蛋液。
3. 将玉米泥放沸水锅中不停搅拌，再次煮沸后，淋入蛋黄液煮沸即可。

宝宝最爱的营养

鸡蛋中含有丰富的蛋白质，品质仅次于母乳。另外，宝宝常吃些玉米，能起到保护眼睛的作用。

一日辅食巧搭配

+ 鸡蛋玉米羹
+ 香蕉粥
+ 菠菜泥

玉米粒新做法

将玉米粒洗净，用搅碎机打成碎末，然后和适量的水煮成粥，香甜可口，非常适合宝宝食用。

奶汤蛋黄糊

促进宝宝大脑发育

材料

鸡蛋1个，奶粉20克，大米适量。

做法

1. 大米洗净，煮成米汤；鸡蛋煮熟，取蛋黄压成泥。
2. 奶粉冲好，加入蛋黄末和米汤，拌匀即可。

宝宝最爱的营养

鸡蛋含有优质蛋白质和卵磷脂，奶粉含有铁质，搭配食用对宝宝成长和大脑发育有很大益处。

蛋黄胡萝卜泥

促进宝宝快速成长

材料

熟蛋黄50克，胡萝卜40克。

做法

1. 胡萝卜洗净，去皮，切小块，放入锅中，加适量清水煮软，捣成泥。
2. 熟蛋黄加少许水，压成泥状。再将胡萝卜泥和蛋黄泥混合搅匀即可。

宝宝最爱的营养

蛋黄所含油酸对宝宝补铁、骨骼发育、造血都很有益。

蛋黄泥
促进脑细胞发育

材料
鸡蛋1个。

做法
1. 将鸡蛋放入锅中煮熟。
2. 取出鸡蛋，磕开，取蛋黄，再加适量温开水调匀即可。

宝宝最爱的营养

鸡蛋富含优质蛋白质，能维持宝宝体内酸碱平衡，促进宝宝体内水分的正常分布。

蛋黄汤
健脑益智、提高记忆力

材料
鸡蛋1个，高汤适量。

做法
1. 锅置火上，放入高汤煮开，取鸡蛋黄打散搅匀。
2. 将打散的蛋黄放入沸腾的高汤中煮开即可。

宝宝最爱的营养

鸡蛋黄中富含丰富的卵磷脂和DHA，这两种物质能促进宝宝脑部的发育，提高记忆力。

蛋黄土豆泥 增强免疫力

材料

熟蛋黄、土豆各1个。

做法

1. 熟蛋黄压成泥；土豆煮熟去皮，压成泥。
2. 锅中加入土豆泥、蛋黄泥和温水，放火上稍煮开，搅拌均匀即可。

宝宝最爱的营养

蛋黄含有丰富的铁、卵磷脂、蛋白质等营养素，容易消化吸收；土豆含有钙、维生素、氨基酸等，两者同食可促进宝宝大脑发育，增强免疫力。

芹菜洋葱蛋花汤 促进胃肠消化

材料

鸡蛋2个，芹菜10克，洋葱40克，玉米淀粉适量。

做法

1. 芹菜洗净，切小段；洋葱洗净，切碎；鸡蛋分离出蛋黄，将其打散。
2. 锅中加水，放入芹菜段和洋葱碎煮开，将蛋黄液慢慢倒入汤中，轻轻搅拌。
3. 玉米淀粉加水搅开，倒入锅中烧开，至汤汁变稠即可。

宝宝最爱的营养

这款汤具有发散风寒的作用，还能刺激胃肠分泌消化液，增进食欲、促进消化。

芹菜新做法

将芹菜去掉叶，然后沸水焯烫一下，切成段，放入搅碎机中搅碎，去渣取汁，让宝宝喝，可以提供丰富的维生素。

黑芝麻新做法

将黑芝麻洗净，去掉杂质，炒熟，然后压碎，和大米共同熬煮成粥，也有健脑益智的作用。

黑芝麻南瓜汁 健脑益智、乌发

材料

南瓜200克，熟黑芝麻50克。

做法

1. 南瓜去子，洗净，切小块，放入锅中蒸熟，去皮，放凉备用。
2. 将南瓜和黑芝麻放入搅拌机中，加入适量饮用水搅打均匀即可。

宝宝最爱的营养

南瓜富含膳食纤维、维生素等，可润肠通便，增强宝宝免疫力；黑芝麻中含有蛋白质、卵磷脂、不饱和脂肪酸等，常食可以让宝宝头发乌黑，还可以预防宝宝便秘，健脑益智。

鸡蓉汤 补充蛋白质

材料

鸡胸肉80克，
鸡汤200克，
香菜碎少许。

做法

1. 将鸡胸肉洗净，剁碎成鸡肉泥，放入碗中拌匀。
2. 将鸡汤倒入锅中，大火烧开。
3. 将调匀的鸡肉泥慢慢倒入锅中，用勺子搅开，待煮开后，加入香菜碎调味即可。

宝宝最爱的营养

鸡肉中含有丰富的蛋白质，宝宝多食，能补充身体需要的蛋白质。

鸡肉新做法

鸡胸肉剁碎后，和大米一起熬煮，就是美味可口的鸡肉大米粥了，很多宝宝都非常爱吃，同样能为宝宝提供丰富的蛋白质。

一日三餐按点吃

每次至少100克以上辅食

鼓励宝宝自己吃食物

Part 5

10~12个月宝宝，可以吃碎状、丁块状、指状辅食了

10~12个月宝宝从以乳类为主逐渐过渡到以谷类食物为主，宝宝可以吃的辅食种类越来越多了，如软饭、面食、碎菜、动物肝脏、动物血、鸡鸭肉、猪肉、牛肉、羊肉等。但需要注意宝宝辅食的质与量，保证营养均衡，让宝宝不偏食。

10~12个月宝宝能力发育图解

1 语言沟通

以挥手表示“再见”

会模仿简单的声音

2 细动作

拍手

会把一个小东西放入杯子

会撕纸

3 粗动作

用手拉着
会移几步

双手扶着家具会走几步

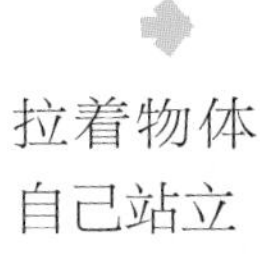

拉着物体
自己站立

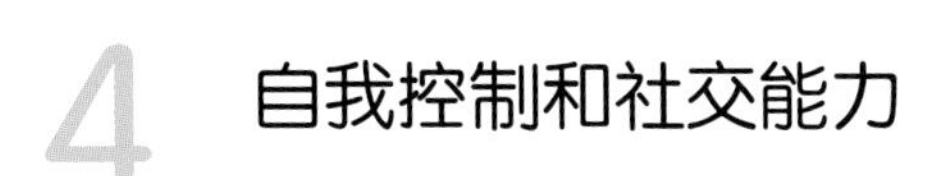

4 自我控制和社交能力

会脱帽子

叫他，他会过来

辅食喂养指南

宝宝主食和辅食喂养要点

母乳或配方奶

2~3次/日，奶量600~800毫升/日。

辅食

谷类：软饭或面条，每日50~75克。

蔬菜水果：每日碎菜50~100克，水果50克。

肉类：添加动物肝脏、动物血、鱼虾、鸡鸭肉、畜肉，每日25~50克。

蛋类：1个蛋黄。

10~12个月宝宝一日饮食计划

时间	食物	数量
06：00	母乳或配方奶	160毫升
08：00	南瓜胡萝卜粥或面包	10克
10：00	母乳或配方奶	160毫升
12：00	软饭或蔬菜面条	10克
15：00	母乳或配方奶	160毫升
18：00	软饭或素炒豆腐	10克
21：00	软饭	160克

这个阶段的宝宝体重增长速度和上个月一样，平均每月增长0.22~0.37千克。这个月宝宝平均体重是，男宝宝9.44~9.87千克，女宝宝8.80~9.24千克。低于或高于这一平均标准，不能就认为宝宝的体重不正常，要根据宝宝体重增长曲线图进行评价。

在体重方面，爸爸妈妈更重视的是宝宝体重低的问题，而往往忽视宝宝体重偏重的问题，在爸爸妈妈看来，只有瘦是异常的，胖是正常的。现在宝宝中，肥胖宝宝的比例越来越高，应该引起爸爸妈妈的重视。

为宝宝选择最健康的食材

选择本地的有机农产品

可为宝宝优先选择本地的有机、无污染的农产品。因为本地产品不仅成熟度好，不需要长时间的运输，营养价值损失小，而且不需要用保鲜剂来进行防腐处理，是比较安全、健康的食物。爸爸妈妈们如果能为宝宝选择有机或绿色的水果、蔬菜当然是最好的，但也要根据自己的经济情况决定。

选择应季食材

爸爸妈妈们要多留心了解一下各种粮食、蔬菜、水果和海产品等食物分别是哪个季节上市的，然后多给宝宝选择应季的食物来吃，因为应季食物喷洒的农药、化肥、激素等成分相对较少，相比那些反季节食物更健康。比如正常应在7月份上市的西瓜，不要春节的时候买给宝宝吃，要等西瓜大量上市的7月再吃。

宝宝每天的辅食量不均匀，也不要担心

这一时期的宝宝开始有了独立意识了，能按照自己的意愿来行动。他不想吃的时候就不吃，想吃的时候就吃，因此食量时多时少。如果宝宝吃得过少，妈妈就应考虑是否要减少母乳或配方奶的量。但从发育特征上看，这一时期的宝宝愿意活动身体,对周围的事物感到好奇，如果宝宝各方面行动正常，就不用担心。不能只从一天的量来判断宝宝吃多了还是吃少了，应该每隔一周观察一次，如果一周的平均量比以前没有减少太多，就可以进行适当减少母乳或配方奶的量。

宝宝肠胃娇嫩，有机蔬果、应季蔬果属于健康的食物，适合给宝宝吃。

一日三餐按点吃

宝宝如果已经适应了按时吃饭的习惯，那么现在是正式进入一日三餐按点吃饭的时期了。从这个阶段起，要把断奶食物作为主食。随着从断奶食物中得到更多的营养，每次的量也要增多，并且一次吃两种以上的食物，至少每隔2~4天就要均匀地吃各种食物。

吃得太多也不好

宝宝超重和营养不良一样都是不正常的，必须纠正。如果宝宝每天体重增长速度超过20克，就应该引起注意。不过不能用节食的方法给宝宝减肥，正确的做法是调整宝宝的饮食结构，少吃米面等主食以及高热量、高蛋白、高糖食物。每天喝奶不要超过1000毫升，同时增加宝宝的活动量。

添加些能锻炼宝宝咀嚼力的食物

这个阶段宝宝的乳牙已萌出，唾液量增加，爱流口水，开始喜欢咬硬的东西，他会将自己的小手指放入口中或咬妈妈的乳头等。所以在这段时间里，可以给宝宝吃一些排骨、牛肉干、烧饼、锅巴、馒头干、苹果等稍有硬度的辅食，通过咬、啃这些食物，刺激牙龈，帮助乳牙进一步萌出，改正咬奶头的现象，同时也及时地训练了宝宝的咀嚼能力。

宝宝要避免接触的食物

爸爸妈妈在为宝宝准备辅食时，一般应回避以下几种食物：

蔬菜类：牛蒡、藕等不易消化的蔬菜。

辛辣调味料：芥末、胡椒粉、姜、大蒜和咖喱粉等辛辣调味料。

某些鱼类和贝类：乌贼、章鱼、鲍鱼，以及用调料煮的鱼贝类小菜、干鱿鱼等。

其他：巧克力糖、奶油软点心、软黏糖类以及其他人工着色的食物、粉末状果汁等。

避免食材重复或单一使用

妈妈们在给宝宝制作辅食时，避免食材重复或单一使用，每天要变着花样烹调。比如，同样是富含碳水化合物的食物，妈妈们早餐可以做馄饨，午餐可以做花卷，晚餐可以做软饭。

尽量不给宝宝吃油炸菜肴

这个时期宝宝能吃的蔬菜种类增加了，除了刺激性大的辣椒、辣萝卜等蔬菜外，其他蔬菜大多数都能吃了。只是爸爸妈妈们要注意食物的烹调方法，尽量不给宝宝吃用油炸的菜肴。另外，不吃反季节蔬果，尽量给宝宝吃应季的蔬果。

鼓励宝宝自己吃东西

宝宝的小手越来越灵活了，可以开始锻炼宝宝自己拿勺子吃饭。给宝宝准备一套专用餐具，爸爸妈妈先给宝宝示范怎样用勺子吃饭，让宝宝进行模仿。此时，宝宝还不会自如地使用勺子，也可能不会准确地把勺子放到嘴里面，还可能把勺子扔掉直接用手吃。不管是哪种情况，都要鼓励宝宝自己练习吃饭，慢慢培养独自进餐的好习惯。

这个时期授乳仍要进行，因为此时宝宝新陈代谢旺盛，活动量多，应给其提供充分的能量。宝宝喝点母乳或配方奶就能得到很多能量，而且奶中还含有丰富的对大脑发育必需的脂肪，因此这个阶段授乳是有必要的。即使宝宝吃辅食了，也不能忽视授乳，母乳或配方奶一天应喂3~4次，共600~700毫升。

每次至少吃100克以上的辅食

这个阶段的宝宝需要通过辅食获取必要的营养。每次吃的量虽因宝宝个体差异而异，但过少的量会导致宝宝营养不均衡，应找出原因增加宝宝的食量。到这个阶段，一般一次至少要吃100克以上，用原味酸奶杯是1杯左右，也有一次食用150克的宝宝。

这样黏稠度的食物适合10~12个月宝宝食用

大米：呈饭粒形态，用手压容易压碎，到稀饭的黏稠度。

土豆：切成5毫米大小的块煮3分钟。

胡萝卜：切成5毫米大小的碎块煮3分钟。

西蓝花：切除硬茎，将花冠部分用热水烫一下后切成5毫米大小的碎块。

菠菜：在沸水里烫一下后将叶切成5毫米大小的片。

苹果：切成5毫米大小的丁。

手抓食物：让聪明宝宝爱上吃饭

10个月以上的宝宝已经长出5~8颗牙，且宝宝的牙床已经非常结实了，宝宝吃手抓食物会像吃母乳一样，感觉非常舒服的，所以这个时候妈妈可以给宝宝准备一些有咀嚼力的手抓食物，更有利于培养宝宝对食物的兴趣，为以后吃饭做足准备。

煮熟的心形面

晾凉后给宝宝吃，也可以在心形面上撒一些酱汁，让宝宝一边搅合一边吃。

鸡肉

宝宝到了7个月左右就可以吃鸡肉泥了，之后慢慢过渡到软软的鸡肉条或其他肉类。将鸡肉炖熟、晾凉，再撕成宝宝小拇指大小的条状，就可以让宝宝拿着吃了。

奶酪

选择婴儿专用的奶酪，切成2厘米左右的小块，让宝宝抓着吃。

蘑菇饼干

最好购买专门为宝宝打造的，味道以原味更好，且在宝宝一岁以内不要选择含有蜂蜜成分的饼干。

芋头红薯粥 促进排便

材料

芋头、红薯各30克，大米50克。

做法

1. 芋头、红薯去皮，洗净，切丁；大米淘洗干净。
2. 锅内加适量清水置火上，放入芋头丁、红薯丁和大米，中火煮沸。
3. 煮沸后，用小火熬至粥稠即可。

宝宝最爱的营养

芋头中含有多种微量元素，能增强人体的免疫功能，具有益脾胃，调中气的功效；红薯能促进消化液分泌以及胃肠蠕动，有促排便的作用。

牛肉蔬菜粥 补充铁质

材料

牛肉40克，土豆、胡萝卜、韭菜各20克，米饭100克。

做法

1. 将牛肉、韭菜分别洗净，切碎；胡萝卜、土豆分别去皮，洗净，切成小丁。
2. 锅中放清水煮沸，加入牛肉碎、胡萝卜丁和土豆丁炖10分钟，加入米饭、韭菜碎拌匀再煮约10分钟至沸即可。

宝宝最爱的营养

胡萝卜、韭菜、土豆中含有大量维生素C，牛肉中含有丰富的铁质，搭配食用，可以促进宝宝对牛肉中铁质的吸收。

一日辅食巧搭配

+牛肉蔬菜粥
+番茄肝末汤
+香蕉玉米汁

牛肉新做法

可以将牛肉切成碎末，炒熟喂食给宝宝，炒时也可以加些青菜，让铁质更容易被宝宝吸收。

黄花菜瘦肉粥 保护宝宝视力、提高抵抗力

材料

大米、猪瘦肉各50克，黄花菜30克。

做法

1. 大米淘洗干净，浸泡30分钟，捞出，沥干；猪瘦肉洗净，切小丁；黄花菜洗净，切小段。
2. 锅内加水，放入大米煮至稍滚。
3. 加入猪肉丁、黄花菜段煮沸，用小火慢慢熬煮，待粥稠即可。

宝宝最爱的营养

黄花菜含有极为丰富的胡萝卜素、维生素C、钙、氨基酸等，能够保护宝宝的视力，提高宝宝抵抗力，还有消食、安眠的作用。

菠菜瘦肉粥 促进生长发育

材料

菠菜50克，猪瘦肉60克，白粥1小碗。

做法

1. 菠菜洗净，焯水，切成小段；猪瘦肉洗净，切小粒。
2. 将白粥放入锅中烧开，放入猪瘦肉粒，稍煮至变色，加菠菜，煮熟即可。

宝宝最爱的营养

猪瘦肉能提供丰富的蛋白质，菠菜富含维生素和膳食纤维，两者搭配煮粥，能促进宝宝消化，还能增加营养吸收。

一日辅食巧搭配

+ 菠菜瘦肉粥
+ 鲜汤小饺子
+ 茄汁土豆泥

菠菜新做法

菠菜洗净，焯烫一下，放入搅碎机中搅碎，过滤掉残渣取汁，喂食给宝宝，能提供丰富的维生素。

莲藕猪肉粥 改善肠胃，预防贫血

材料

莲藕20克，猪肉15克，大米25克。

做法

1. 莲藕洗净，去皮，切小丁；猪肉洗净，切小丁。
2. 大米洗净，加水大火煮开，倒入莲藕丁后再煮开，转小火再煮20分钟。
3. 倒入猪肉粒，煮熟即可。

宝宝最爱的营养

猪肉富含铁质，莲藕可以改善肠胃功能，搭配食用有利于宝宝肠胃，并预防贫血的发生。

玉米燕麦猪肝粥 促进排毒、开胃健脾

材料

大米、鲜玉米粒各20克，燕麦15克，猪肝10克，葱花适量。

做法

1. 猪肝洗净，切小丁；大米、燕麦洗净；鲜玉米粒洗净。
2. 大米、燕麦放入锅中煮至半熟后，加入鲜玉米粒和猪肝丁共煮。
3. 待粥煮熟时，撒上葱花即可。

宝宝最爱的营养

玉米能促进排毒，加快细胞分裂，增强新陈代谢以及开胃健脾；猪肝中则含有人体生长发育所需的许多氨基酸、矿物质等。该粥对宝宝骨骼、大脑、肌肉等方面的完善都非常有益。

一日辅食巧搭配

+ 玉米燕麦猪肝粥
+ 蔬菜面条
+ 双菇烩蛋黄

猪肝新做法

将猪肝洗净，切碎，和大米一起煮粥，能提供宝宝所需的多种营养素，促进身体的快速发育。

南瓜胡萝卜粥 补锌、促进宝宝生长发育

材料

大米30克，南瓜、胡萝卜各10克。

做法

1. 大米洗净，浸泡30分钟。
2. 南瓜去皮，去子，洗净，切小丁；胡萝卜去皮，洗净，切成小丁。
3. 将大米、南瓜丁、胡萝卜丁倒入锅中大火煮开，再调成小火煮熟即可。

宝宝最爱的营养

胡萝卜含丰富的胡萝卜素，能帮助宝宝生长发育；南瓜富含胡萝卜素、锌和糖类，易消化吸收，适合宝宝多食。

南瓜黄豆粥 保护宝宝视力，提高免疫力

材料

南瓜80克，
黄豆15克，
碎米25克。

做法

1. 黄豆洗净浸泡30分钟；南瓜洗净，切块；碎米洗净，浸泡30分钟。
2. 锅置火上，放入泡好的碎米、黄豆、南瓜块和适量清水，大火煮沸30分钟换小火煮10分钟即可。

宝宝最爱的营养

南瓜能够保护宝宝肠胃和视力，还能预防佝偻病；黄豆能提供优质的蛋白质，食用能提高免疫力，还有抗菌消炎的作用。

一日辅食巧搭配

+ 南瓜黄豆粥
+ 茄汁土豆泥
+ 菠菜鸡肝泥

黄豆新做法

可以将黄豆处理成豆腐，然后炒一下，喂食给宝宝，既方便又好吸收。

黑芝麻大米粥

健脑益智、预防便秘

材料

大米80克，黑芝麻30克。

做法

1. 黑芝麻洗净，炒香，研碎；大米淘洗干净。
2. 锅置火上，倒入适量清水烧开，加大米煮沸，转小火煮至八成熟时，放入芝麻碎拌匀，继续熬煮至米烂粥稠即可。

宝宝最爱的营养

黑芝麻中富含蛋白质、卵磷脂、不饱和脂肪酸，常食可活化脑细胞，达到健脑益智的效果；大米可健脾胃，预防宝宝便秘。

苹果桂花粥

促进排泄

材料

苹果1个，大米50克，干桂花适量。

做法

1. 苹果洗净，去皮，切小块；大米淘洗干净，用温水泡30分钟；干桂花洗净，泡开。
2. 锅置火上，加水烧开，放入大米煮至米烂。
3. 加入苹果块、干桂花煮熟即可。

宝宝最爱的营养

苹果中含有丰富的膳食纤维、维生素、矿物质等，有促进排泄的效果。

牛肉蓉粥

增强免疫力

材料

玉米粒、牛肉、大米各50克，葱末适量。

做法

1. 牛肉洗净，剁成末；大米、玉米粒洗净。
2. 锅内倒入清水烧沸，放入大米和玉米粒，煮10分钟。
3. 放入牛肉末煮沸，转小火煮15分钟熬成粥，出锅前撒上葱末即可。

宝宝最爱的营养

牛肉含有丰富的铁质，宝宝常食可以补铁，预防和改善宝宝缺铁性贫血。

羊肉山药粥

温中暖下

材料

羊瘦肉、山药各30克，大米50克。

做法

1. 羊瘦肉洗净，切成小丁；山药去皮，切丁；大米淘洗干净。
2. 将切好的羊瘦肉和山药丁放入锅内，加入大米姜片、适量水煮成粥即可。

宝宝最爱的营养

这款粥具有益气补虚，温中暖下的作用，对宝宝胃肠有很好的补益效果，对减少宝宝流涎有一定的效果。

荸荠南瓜粥

清热生火、生津润燥

材料

荸荠50克，南瓜30克，小米、香米各50克。

做法

1. 小米和香米淘洗干净，放入锅中煮开。
2. 荸荠、南瓜分别洗净，去皮，切薄片。
3. 小米和香米煮15分钟后，倒入荸荠片继续煮10分钟，再放入南瓜片煮熟即可。

宝宝最爱的营养

荸荠被称为“地下雪梨”，有清热去火、开胃消食的作用，对于宝宝咽干痛、消化不良有绝佳的效果。与其他材料共煮成粥，还有生津润燥的作用。

苹果胡萝卜小米粥

增强免疫力、提高智力

材料

苹果1个，小米60克，胡萝卜20克。

做法

1. 苹果洗净，去皮和子，切小丁；胡萝卜洗净，切小丁；小米淘洗干净，用水浸泡5分钟。
2. 锅中加水，烧开，倒入小米煮开，加入苹果丁和胡萝卜丁，继续煮熟即可。

宝宝最爱的营养

苹果富含胡萝卜素、维生素C、维生素E、钾、果糖、果胶等多种营养成分，对宝宝生长发育，智力提高和免疫功能的完善有很好的作用。

荞麦南瓜粥

润肠通便

材料

荞麦20克，南瓜25克，大米30克。

做法

1. 南瓜去皮，去子，洗净，切小丁；荞麦和大米分别淘洗干净。
2. 锅置火上，放入荞麦、大米和适量清水，先大火煮沸，再转为小火熬煮，待荞麦和大米七成熟时加入南瓜丁，煮至粥稠、米烂、南瓜熟透时关火即可。

宝宝最爱的营养

荞麦、南瓜都含有丰富的膳食纤维，搭配食用能促进肠胃蠕动，促进肠道废物排出，起到润肠通便的作用。

玉米豌豆粥

健脑益智

材料

大米20克，玉米10克，豌豆5克。

做法

1. 大米洗净，浸泡30分钟。
2. 玉米和豌豆均洗净，放入开水中焯烫一下，去皮捣碎。
3. 将大米和适量水倒入锅中，大火煮开，再放入玉米碎和豌豆碎稍煮即可。

宝宝最爱的营养

玉米谷氨酸含量较高，能促进脑细胞代谢，常吃玉米有健脑益智的作用。

绿豆新做法

将绿豆洗净，用清水浸泡30分钟，然后下锅煮至绿豆开花，放凉，给宝宝喝绿豆水，也具有清热凉血的作用。

绿豆粥 清热凉血

材料

绿豆40克，
大米60克。

做法

1. 绿豆、大米分别淘洗干净，用水浸泡一下。
2. 锅中加适量水，将绿豆、大米一同放入锅中，煮至绿豆开花即可。

宝宝最爱的营养

绿豆粥有清热凉血、利湿去毒的作用，适合在夏天给宝宝食用。

黑芝麻木瓜粥 乌发补血、促消化

材料

黑芝麻20克，
大米25克，
木瓜30克。

做法

1. 大米和黑芝麻分别除杂，洗净；木瓜洗净，去皮，切丁。
2. 大米放入锅中，加水煮20分钟。再加入木瓜块、黑芝麻，煮15分钟即可。

宝宝最爱的营养

黑芝麻有乌发、补血的功效；木瓜对宝宝消化系统有好处，能够促进消化。此外，木瓜对宝宝失眠也有很好的缓解作用。

木瓜新做法

将木瓜洗净，去皮，切丁，放入搅碎机中打碎，去渣取汁，给宝宝喝，可以促进宝宝消化，还能缓解宝宝失眠的情况。

芹菜二米粥

清热解毒、利水消肿

材料

芹菜、大米各50克，小米10克。

做法

1. 大米、小米分别淘洗干净，用水浸泡30分钟；芹菜取茎部，洗净后切碎。
2. 大米和小米一同入锅，加水煮开，倒入芹菜碎，继续煮至粥熟即可。

宝宝最爱的营养

芹菜可清热解毒，小米有温胃的作用，加上大米一起煮粥，可起到清热解毒、平肝健胃、利水消肿等功效，对宝宝湿疹有很好的缓解作用。

南瓜蔬菜粥

保护宝宝脾胃

材料

大米20克，南瓜10克，土豆、胡萝卜、栗子各5克。

做法

1. 将大米洗净，浸泡30分钟；南瓜、土豆、胡萝卜分别洗净，去皮，蒸熟，捣碎；栗子蒸熟，去皮，捣碎。
2. 将大米和适量水倒入锅中，大火煮开转小火熬煮一段时间，放入蔬菜碎大火煮开，最后再倒入栗子碎调小火稍煮即可。

宝宝最爱的营养

大米有健脾和胃的功效，南瓜、土豆有调和中胃的功效，胡萝卜有健胃消食的功效，栗子有补脾益胃的功效，几者搭配食用能保护宝宝的脾胃。

油菜洋葱土豆粥

防治宝宝习惯性便秘

材料

大米20克，土豆、油菜各10克，洋葱5克。

做法

1. 大米洗净，浸泡30分钟；土豆和洋葱去皮，洗净，切碎；油菜洗净，用开水烫一下，去茎，取菜叶部分捣碎。
2. 将大米和适量清水放入锅中煮开，转小火煮熟，再放入土豆碎、洋葱碎、油菜叶碎煮熟即可。

土豆、油菜、洋葱都富含丰富的膳食纤维，搭配食用有利于促进肠胃蠕动，预防宝宝习惯性便秘。

栗子蔬菜粥

辅助治疗口舌生疮

材料

大米30克，栗子10克，油菜叶、玉米粒各5克。

做法

1. 大米洗净，浸泡30分钟；栗子去皮，捣碎；油菜叶切成碎；玉米粒洗净，用开水烫一下捣碎。
2. 将大米、栗子碎和玉米碎放入锅中，加适量清水，大火煮开，转小火煮熟，再放油菜碎煮开即可。

宝宝最爱的营养

栗子含维生素B_2，对日久难愈的小儿口舌生疮有益。

玉米南瓜粥

减少宝宝肠胃疾病

材料

大米30克，南瓜15克，玉米粒10克。

做法

1. 大米洗净，浸泡30分钟。
2. 玉米粒用开水烫一下，捣碎；南瓜去皮、子，洗净，切丁。
3. 将大米、南瓜丁和玉米粒碎放入锅中，大火煮开，转小火煮熟即可。

宝宝最爱的营养

南瓜、玉米都富含丰富的膳食纤维，能促进肠胃蠕动，加速胃肠道内废物的排出，搭配食用能减少宝宝肠胃疾病的发生。

鸡肉木耳粥

增强体力

材料

鸡腿肉50克，干木耳10克，白粥1碗。

做法

1. 干木耳用清水泡发，洗净，切成末。
2. 鸡腿肉洗净，切碎。
3. 锅内白粥煮开后，加入鸡腿肉碎，再放入木耳末，中火煮熟即可。

宝宝最爱的营养

鸡腿肉富含优质蛋白质，给宝宝做粥吃，营养保留更加完整，更容易被宝宝消化吸收，有利于增强宝宝的体力。

猪肝蛋黄粥

促进宝宝大脑发育

材料

猪肝30克，熟鸡蛋1个，大米40克。

做法

1. 猪肝洗净，切成碎；熟鸡蛋去皮，取出蛋黄，压成泥。
2. 大米淘洗干净，加适量清水，放入锅中煮开，用小火继续煮成稀粥，将肝泥、蛋黄泥加入稀粥，煮3分钟即可。

宝宝最爱的营养

鸡蛋富含优质蛋白质及卵磷脂，能为宝宝提供良好的营养。

鱼肉豆芽粥

促进智力发育

材料

大米50克，去刺鱼肉30克，豆芽20克，葱花3克。

做法

1. 大米淘洗干净，浸泡30分钟；鱼肉捣碎；豆芽头部捣碎，茎部切成5毫米的小段。
2. 把大米放入开水锅中煮约20分钟，放入鱼肉碎、豆芽碎、葱花小火充分煮开，煮至粥烂即可。

宝宝最爱的营养

豆芽、鱼肉中含有维生素B_1，可以促进宝宝智力的发育，所以适合宝宝食用。

鸭肝粥

促进红细胞的产生

材料

鸭肝、番茄各20克，大米50克。

做法

1. 将鸭肝洗净切成小丁，番茄用开水烫开后去皮切成小丁。
2. 大米洗净后加水，用大火煮开，然后放入鸭肝丁、番茄丁，小火炖成黏稠状即可出锅。

宝宝最爱的营养

鸭肝的含铁量很高，可促进宝宝肌体产生红细胞。

豆腐肉末粥

补充优质蛋白

材料

豆腐30克，粳米50克，猪肉末10克。

做法

1. 将猪肉末放入油锅中炒熟备用。
2. 粳米洗净，放入锅中，加适量水煮开。
3. 豆腐切小块备用，粥快熟时，把豆腐块放入锅中继续煮，米烂粥稠时加入熟的猪肉末搅拌即可。

宝宝最爱的营养

豆腐含有优质的蛋白质，有利于宝宝消化吸收；猪肉中也含有优质蛋白质，二者搭配食用，能为宝宝补充优质蛋白质，促进生长发育。

胡萝卜牛肉粥 促进骨骼发育

材料

牛肉15克，胡萝卜30克，大米粥50克。

做法

1. 将牛肉洗净，剁碎；胡萝卜去皮，洗净，切小丁。
2. 将牛肉碎、胡萝卜碎放入煮好的大米粥中，煮熟即可。

宝宝最爱的营养

牛肉含有优质蛋白质，做成粥给宝宝喝，既可保留完整的营养，还有利于宝宝消化吸收。

胡萝卜新做法

可以将胡萝卜洗净、去皮、切细条，让宝宝拿着食用，这样既有利于宝宝锻炼乳牙，还能为宝宝补充维生素，保护眼睛。

豆腐菠菜软饭

促进宝宝骨骼发育

材料

大米50克，豆腐30克，菠菜25克，排骨汤适量。

做法

1. 大米洗净，放入碗中，加适量水，蒸成软饭；豆腐洗净，放入开水中焯烫，捞出切碎；菠菜洗净，焯烫，捞出切碎。
2. 将软饭放入锅中，加适量排骨汤一起煮烂，放入豆腐末，再煮3分钟左右，快要起锅时，放入菠菜碎末即可。

宝宝最爱的营养

豆腐中含有大量的蛋白质和钙质，且容易被宝宝消化吸收，能促进宝宝骨骼发育。

什锦烩饭

补充维生素

材料

牛肉20克，胡萝卜、土豆、洋葱、大米各20克，熟鸡蛋黄1个，牛肉汤少许。

做法

1. 将牛肉冲洗干净，切碎；胡萝卜、土豆、洋葱洗干净，去皮，切碎；熟蛋黄捣烂；大米洗净，用清水浸泡30分钟。
2. 将大米、牛肉碎、胡萝卜碎、土豆碎、洋葱碎、牛肉汤放入电饭锅焖熟后，加蛋黄搅拌即可。

宝宝最爱的营养

胡萝卜、土豆、洋葱都富含维生素C、维生素B_1等，宝宝常食可以补充身体所需的多种维生素。

南瓜香米饭

提高肠胃功能

材料

南瓜30克，大米适量。

做法

1. 将南瓜去皮，切成小丁。
2. 大米洗净入锅，加水，再加入南瓜丁搅匀，蒸熟即可。

宝宝最爱的营养

南瓜能促进胆汁分泌，加强肠胃蠕动，改善宝宝的肠胃功能。

黄豆玉米饭

减压、预防便秘

材料

黄豆、发芽米、玉米各50克。

做法

1. 将黄豆洗净，在水中浸泡2小时，备用。
2. 发芽米、玉米洗净。
3. 将黄豆、发芽米、玉米都放入电饭锅内，加适量水，用电饭锅煲熟即可。

宝宝最爱的营养

这款饭富含维生素和膳食纤维，可以提高人体免疫力、改善神经系统功能、减轻压力、促进肠道蠕动、改善便秘。

海带黄瓜饭 预防宝宝便秘

材料

大米40克，
海带10克，
黄瓜20克。

做法

1. 海带用水浸泡10分钟后捞出来，切成小碎块。
2. 黄瓜去皮后切成小丁。
3. 把泡好的大米和1000毫升水倒入锅里，将米煮成烂饭，然后放入海带和黄瓜碎，用小火蒸熟即可。

宝宝最爱的营养

海带中含有大量的不饱和脂肪酸和膳食纤维，可以调理宝宝的肠胃，预防宝宝便秘的发生。

南瓜拌饭

护眼、健脾胃

材料

南瓜20克，大米50克，白菜叶1片，高汤少许。

做法

1. 南瓜洗净，去皮，切成碎粒；白菜叶洗净，切碎；大米淘洗干净，浸泡30分钟。
2. 将大米放入电饭煲中，煮至沸腾时，加入南瓜粒、白菜碎，煮到稠烂即可。

宝宝最爱的营养

南瓜能促进胆汁分泌，加强肠胃蠕动，提高宝宝的肠胃功能。

鲜汤小饺子

促进宝宝生长

材料

小饺子皮10个，肉末30克，白菜50克，鸡汤少许。

做法

1. 白菜洗净，切碎，与肉末混合搅拌成饺子馅；取饺子皮托在手心，把饺子馅放在中间，捏紧即可。
2. 锅内加适量水和鸡汤，大火煮开，放入饺子，盖上锅盖煮熟即可。

宝宝最爱的营养

饺子皮富含碳水化合物；肉末可给宝宝提高优质蛋白质、B族维生素、锌等；白菜富含膳食纤维和多种维生素，几者搭配适用能促进宝宝生长。

蔬菜面条

养肝明目

材料

菠菜15克，无盐面条30克，鸡汤300毫升。

做法

1. 菠菜择洗干净，用沸水焯烫1分钟，捞出，切碎；面条剪成约1.5厘米的小段。
2. 锅置火上，倒入鸡汤烧开，下入面条，小火煮至面条软烂，加入菠菜即可。

宝宝最爱的营养

菠菜富含胡萝卜素、维生素B_9、铁和钾，不但能促进宝宝的生长发育，而且还具有养肝明目的功效。

双菇烩蛋黄

促进宝宝智力发育

材料

金针菇、香菇各50克，鸡蛋1个，葱花、鸡汤各适量。

做法

1. 金针菇去根，择洗干净，切小段；香菇洗净，切小块；鸡蛋煮熟，取蛋黄，捣碎。
2. 锅内加水烧开，倒入金针菇段、香菇块，稍汆烫。
3. 另取锅置火上，倒入鸡汤烧开，放入金针菇段、香菇块和蛋黄碎，炖2分钟即可。

宝宝最爱的营养

金针菇、香菇含锌量比较高，对增强智力有良好的作用；鸡蛋富含卵磷脂能促进智力发育，两者搭配食用有利于宝宝健脑益智。

菠菜鸡肝泥　预防缺铁性贫血

材料

菠菜20克，
鸡肝2块。

做法

1. 鸡肝清洗干净，去膜，剁碎成泥状。
2. 菠菜洗净，放入沸水中焯烫至八成熟，捞出，放凉后，切碎，剁成蓉状。
3. 将鸡肝泥和菠菜蓉混合搅拌均匀，放入蒸锅中大火蒸5分钟即可。

宝宝最爱的营养

鸡肝中含铁质较多，宝宝多食能预防缺铁性贫血；菠菜也是补铁的佳蔬，搭配食用，有利于预防宝宝缺铁性贫血。

一日辅食巧搭配

+ 菠菜鸡肝泥
+ 荞麦南瓜粥
+ 香蕉玉米汁

菠菜新做法

菠菜洗净，放沸水中焯烫至八成熟，放凉，切段，放入榨汁机中加适量水打成汁，滤去渣即可，具有补铁补血的作用。

土豆新做法

土豆洗净，带皮上锅蒸熟，放凉，去皮，切成拇指大小的块，让宝宝拿着吃，既可以锻炼宝宝手指灵活性，还能补充营养。

鸡肝土豆糊 护眼明目

材料

土豆40克，
大米50克，
鸡肝10克。

做法

1. 鸡肝用水洗净，放入锅中煮熟、捞出，水留用；土豆清洗干净，放入锅中煮软，捞出压成泥。
2. 大米洗净，加入煮鸡肝的水，大火煮开，中火熬成糊状。
3. 将鸡肝捣成泥，和土豆泥一起加入大米糊中搅匀即可。

宝宝最爱的营养

鸡肝具有丰富的维生素A，有保护眼睛，维持视力正常发育的功效。

番茄鱼糊

促进神经系统发育

材料

三文鱼50克，番茄70克，菜汤适量。

做法

1. 将三文鱼去皮、刺，切成碎末；番茄用开水烫一下，去皮、蒂，切成碎末。
2. 将准备好的菜汤倒入锅里，再加入鱼碎稍煮，然后加入切碎的番茄，用小火煮至糊状即可。

宝宝最爱的营养

三文鱼富含不饱和脂肪酸，有助于促进宝宝神经系统的发育。

鸭血豆腐汤

补血、排毒

材料

豆腐、鸭血各1小块，小白菜适量。

做法

1. 小白菜洗净，沸水焯过，切碎；鸭血、豆腐分别洗净，切小块。
2. 锅内加清水，将鸭血块、豆腐块放入煮沸。
3. 待鸭血、豆腐块快熟时，加小白菜煮熟即可。

宝宝最爱的营养

鸭血中铁的利用率达12%，可作为宝宝补血的食材之一。同时，它还有清洁血液、解毒的功效，帮助排出宝宝体内的重金属，如铅、铜等。

牛肝拌番茄

补肝明目

材料

牛肝50克，番茄20克。

做法

1. 将牛肝外层的薄膜剥掉之后，用凉水将其血水泡出，然后煮烂并切碎。
2. 番茄用沸水烫一下，去皮，切碎。
3. 将切碎的牛肝和番茄拌匀即可。

宝宝最爱的营养

牛肝具有补肝明目的作用，适合身体虚弱的宝宝食用。

番茄肝末汤

补铁补血

材料

猪肝、番茄各80克，洋葱20克。

做法

1. 将猪肝洗净，剁碎；番茄用开水烫一下，去皮，切末；洋葱剥皮，洗净，切碎备用。
2. 将猪肝碎、洋葱碎同时放入锅中，加入水煮开，最后加入番茄末煮开即可。

宝宝最爱的营养

猪肝富含铁质，与富含维生素C的番茄一起食用，更有助于宝宝对铁质的吸收，因此该汤具有补铁补血的功效。

三文鱼汤

补虚、健脑、暖胃

材料

三文鱼40克，豆腐50克，紫菜、葱花各适量。

做法

1. 三文鱼肉洗净，切小块；豆腐洗净，切小块。
2. 锅置火上，加水烧开，放入三文鱼块煮熟，加紫菜、豆腐块煮2分钟，最后撒上葱花即可。

宝宝最爱的营养

三文鱼含有的天然虾青素，有超强的抗氧化作用，能起到补虚、益脑、健脾暖胃的作用。

茄汁土豆泥

健脾胃、保护视力

材料

土豆50克，番茄20克，洋葱30克，熟红豆2颗。

做法

1. 土豆洗净，煮熟，放凉后去皮，压成泥；洋葱洗净，切末；番茄去皮切碎。
2. 锅置火上，先将番茄炒出汁，然后炒香洋葱末，最后和土豆泥炒匀，用模子刻出小猫头的样子，再用熟红豆做眼睛即可。

宝宝最爱的营养

番茄能够增强宝宝抵抗力，滋润宝宝皮肤，对视力也有很好的保护；土豆能健脾胃，活血通便。

黑芝麻山药糊

加速宝宝新陈代谢

材料

黑芝麻20克，山药100克。

做法

1. 黑芝麻洗净，碾成粉；山药洗净，去皮，切块。
2. 锅内倒水，先煮熟山药块。
3. 煮熟后加芝麻粉，再用搅拌机搅成糊状即可。

宝宝最爱的营养

黑芝麻有助于加速身体的代谢功能，滋润五脏；山药则有养胃、促进消化的功效。所以，这款粥对宝宝的身体健康和生长发育有良好的促进作用。

素炒豆腐

改善宝宝食欲

材料

豆腐、香菇各50克，胡萝卜、黄瓜各20克。

做法

1. 豆腐洗净，压碎；香菇洗净，去蒂，切丁；胡萝卜洗净，切丁；黄瓜洗净，切丁。
2. 锅置火上，放适量水，加入香菇丁、黄瓜丁、胡萝卜丁稍炖，再放入豆腐碎翻炒均匀即可。

宝宝最爱的营养

香菇能改善宝宝食欲，和豆腐一起食用有健脾胃的作用。此外，胡萝卜有利于提高宝宝视力；黄瓜可以清热去火，都适合宝宝食用。

冬瓜球肉丸

增强食欲

材料

冬瓜50克，肉末20克，香菇10克。

做法

1. 冬瓜去皮、去内瓤，冬瓜肉剜成冬瓜球。
2. 将香菇洗净，切成碎末；将香菇末、肉末混合并搅拌成肉馅，然后揉成小肉丸。
3. 将冬瓜球和肉丸码在盘子中，上锅蒸熟即可。

宝宝最爱的营养

冬瓜能清热利尿，适合宝宝夏季食用；肉丸和香菇的加入，能增强宝宝的食欲。

鸡血炒豆腐

防治缺铁性贫血

材料

鸡血、北豆腐各50克，油菜心30克。

做法

1. 将鸡血、北豆腐切成小丁，油菜心洗净切成小丁。
2. 将鸡血丁、北豆腐丁、油菜心放入锅中煸炒后，后加适量水炖熟即可。

宝宝最爱的营养

鸡血含铁量较高，且以血红素铁的形式存在，容易被宝宝吸收利用，可防治缺铁性贫血。

苹果金团 补充多种营养素

材料

苹果、红薯各25克。

做法

1. 将红薯洗净、去皮，切碎煮软。
2. 把苹果削去皮后，除去核，切碎，煮软。
3. 把苹果与红薯均匀混合即可。

宝宝最爱的营养

苹果中的膳食纤维能促进宝宝生长及发育；红薯含有丰富的淀粉、膳食纤维、胡萝卜素等，是公认的营养最均衡的食物。

杏仁苹果豆腐羹 保护宝宝神经系统

材料

豆腐50克，杏仁10克，苹果1个，香菇2朵。

做法

1. 豆腐洗净，切小块；杏仁洗净；苹果洗净，去核和皮，切小块；香菇洗净，切小块。
2. 锅中加入杏仁、苹果块、豆腐块、香菇块和适量清水，煮成豆腐羹即可。

宝宝最爱的营养

杏仁中含有大量的维生素E，宝宝常食可以保卫宝宝神经系统的发育。

一日辅食巧搭配

+ 杏仁苹果豆腐羹
+ 肝黄粥
+ 茄汁胡萝卜汤

香菇新做法

香菇洗净，切成小粒，和蛋黄、适量水一起蒸熟，就是香喷喷的香菇蛋羹了，非常美味，还能增强宝宝的身体免疫力，促进大脑的发育。

茄葱胡萝卜汤 清热生津、开胃消炎

材料

番茄、洋葱各30克，胡萝卜50克。

做法

1. 番茄洗净，沸水焯烫一下，切碎末；洋葱洗净，去皮，切碎末。
2. 锅内烧热，放入水，加入洋葱碎、胡萝卜碎、番茄碎，中火煮8分钟即可。

宝宝最爱的营养

洋葱中钙质较丰富，番茄中维生素C、胡萝卜素丰富，两者一起煮汤，能清热生津、清润开胃。

香蕉玉米汁 促进宝宝睡眠

材料

香蕉2根，熟玉米粒适量。

做法

1. 香蕉去皮，用刀切块；熟玉米粒洗净。
2. 将玉米粒和香蕉块放入榨汁机中，榨汁后加热即可。

宝宝最爱的营养

香蕉富含膳食纤维，能促进宝宝消化，且有安抚神经、镇静的效果，能够促进宝宝睡眠；玉米含有丰富的钙、硒、维生素E等，有健脾益胃、利水渗湿的作用。

一日辅食巧搭配

+ 香蕉玉米汁
+ 鲑鱼汤
+ 牛肉蓉粥

香蕉新做法

香蕉去皮，用勺子压成泥，喂给宝宝吃，可以预防宝宝便秘的发生。

宜吃含锌量丰富的动物性食物

蛋白质摄入过量会“排挤”钙

吃得过饱会让宝宝变笨

Part 6

特效功能食谱，吃出宝宝好身体

父母都希望自己的宝宝健康、聪明，但0~1岁的宝宝各器官功能发育还不完善，免疫力低下，很容易生病。但如果父母能根据宝宝的生长特点为宝宝选择合适的辅食，既可以让宝宝健康成长，还能让宝宝远离疾病的困扰。

补锌

锌是宝宝成长发育必需的元素，但随着母乳质量的下降和辅食的添加，补锌变得越来越重要了。因为宝宝缺锌会导致味觉系统迟钝、食欲不振，甚至会出现厌食症，进而影响生长发育。此外，锌缺乏还会导致宝宝皮肤粗糙、干燥，头发没有光泽等症状。

哪些宝宝容易缺锌

早产儿	如果宝宝不能在母体内孕育足够的时间而提前出生，就容易错过在母体内储备锌元素的黄金时间（一般是在孕末期的最后1个月）
非母乳喂养的宝宝	母乳中含锌量大大超过普通配方奶，更重要的是，其吸收率高达42%，这是任何非母乳食品都不能比的
过分偏食的宝宝	有些宝宝从小拒绝吃任何肉类、蛋类、奶类及其制品，这样非常容易缺锌
过分好动的宝宝	不少宝宝尤其是男宝宝，过分好动，经常出汗甚至大汗淋漓，而汗水也是人体排锌的渠道之一。宝宝如果一天都大汗淋漓，可从汗水中丢失1.3毫克锌

宜多吃含锌量高的动物性食物

动物性食品含锌量普遍较多，每100克动物性食品中含锌3~5毫克，并且动物性食品蛋白质分解后所产生的氨基酸还能促进锌的吸收。植物性食品中含锌较少，每100克植物性食品中大约含锌1毫克。植物性食物含锌量比较高的有豆类、花生、小米、萝卜、大白菜等。

钙与铁可促进锌的吸收

锌必须在与其他营养素达到平衡状态时才能发挥它在人体中的作用。单纯补锌，不仅难以被人体吸收和发挥功效，还会破坏人体平衡，对人体造成危害。比如单纯补锌，会影响人体对铜的吸收，形成缺铜性贫血。补锌的同时，再补充钙与铁两种营养素，可促进锌的吸收与利用，因为这三种元素可协同作用。另外，有些营养素也会干扰补锌的效果，比如维生素C会与锌结合成不溶性复合物，不利于锌的吸收。

补锌食材聪明选

牡蛎：被称为“海里的牛奶”，富含大量人体所缺的锌和蛋白质。

猪瘦肉：每100克猪瘦肉中含有4.28毫克的锌，且含有丰富的铁。

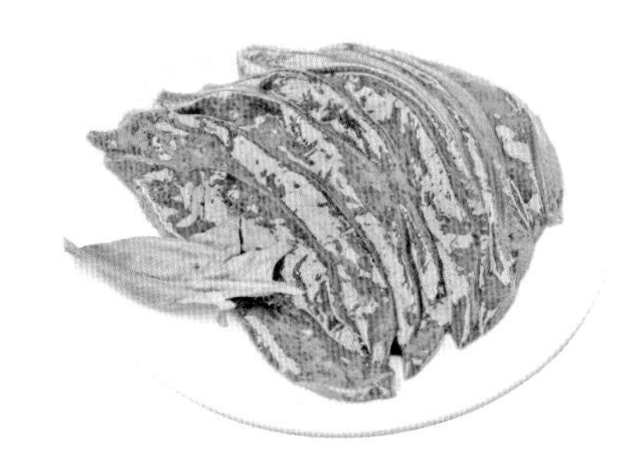

猪肝：每100克猪肝中含有5.78毫克的锌，且有补肝明目、养血的作用。

牛肉：每100克牛肉中含有7.61毫克的锌，且有补中益气、强健筋骨的功效。

牡蛎南瓜羹 健脑、补血、助消化

材料

南瓜50克，鲜牡蛎30克。

做法

1. 南瓜去皮、瓤，洗净，切成细丝；牡蛎洗净，切成丝。
2. 锅置火上，加入适量清水，放入南瓜丝、牡蛎丝，大火烧沸，改小火煮，盖上盖熬至成羹状关火，搅匀即可。

宝宝最爱的营养

牡蛎是含锌量最丰富的食物之一，而且味道鲜美，是宝宝补锌的最佳食品之一。南瓜则含有较丰富的膳食纤维，促进宝宝消化。

番茄鳜鱼泥
健脾胃

材料
番茄50克，鳜鱼150克，葱花3克。
做法
1. 番茄洗净，放沸水中烫一下，去皮，切块；鳜鱼洗净，去除内脏、骨和刺，剁成鱼泥。
2. 锅置火上，倒油烧热，爆香葱花，再放入番茄煸炒。
3. 加适量清水煮沸，加入鳜鱼泥一起烧30分钟，撒葱花即可。

宝宝最爱的营养

鳜鱼味甘、性平，归脾、胃经，有健脾胃的功效。

牛肉小米粥
促进宝宝大脑发育

材料
小米100克，牛肉50克，胡萝卜丁10克。
做法
1. 小米淘洗干净；牛肉洗净，切碎。
2. 锅置火上，加适量清水烧沸，放入小米、牛肉碎、胡萝卜丁，大火煮沸后转小火煮至小米开花即可。

宝宝最爱的营养

牛肉含锌量较高，宝宝常吃可以促进大脑发育，且能起到强身健体的作用。

补钙

钙是宝宝骨骼和牙齿的重要组成成分，还可以维持神经、肌肉的兴奋性，完成神经冲动的传导，参与心肌、骨骼肌的收缩及舒张活动，维持宝宝细胞的通透性，并有镇静、安神的作用。同时，也是宝宝身体中多种酶的激活物。

镁是促进钙吸收的最佳伙伴

钙与镁如同一对好搭档，当两者的比例为2：1时，最利于钙的吸收与利用。遗憾的是，妈妈们往往注重补钙，却忘了给宝宝补镁，导致宝宝体内镁元素不足，进而影响钙的吸收。镁在以下食物中较多，如坚果（杏仁、腰果、瓜子和花生）、谷物（特别是小米和大麦）、海产品（金枪鱼、青鱼）等。

常晒太阳无须额外补充维生素D

有些妈妈为了促进钙的吸收，额外给宝宝补充维生素D，其实没有必要。因为宝宝自身含有的维生素D是足够的，但要经过日晒才能转化为利于钙合成的活化维生素D，沐浴阳光所合成的活化维生素D，足以满足宝宝身体数日的需求。每天抽出1小时带宝宝进行户外活动，既保证了日晒，又进行了锻炼，而且运动本身也能够增加钙的吸收。

蛋白质摄入过量会“排挤”钙

大鱼大肉富含蛋白质，如果经常给宝宝吃大鱼大肉，会影响宝宝对钙的吸收。有人做过实验：A：每天摄入80克的蛋白质，将导致体内流失37毫克的钙；B：每天摄入240克的蛋白质，额外另补充1400毫克的钙，将导致137毫克钙的流失。表明额外补钙也不能阻止高蛋白所引起的钙流失。因此，妈妈们不要每天都给宝宝吃大鱼大肉，打破了食物的酸碱平衡，无论怎么补钙也于事无补。

补钙食材聪明选

豆腐：含钙量丰富，且含有优质蛋白质，能增强宝宝的免疫力。

虾皮：每100克虾皮中含钙991毫克，利于宝宝骨骼的发育。

海带：每100克干海带中含钙348毫克，常吃可以满足宝宝身体对钙的吸收。

奶粉：每100克奶粉中含钙882毫克，且营养全面，非常适合宝宝食用。

花豆腐

补钙、增强免疫力

材料

豆腐50克，青菜叶30克，熟鸡蛋黄1个，葱姜水适量。

做法

1. 豆腐稍煮，放入碗内碾碎；熟蛋黄碾碎。
2. 青菜叶洗净，开水微烫，切成碎末放入碗中，加入葱姜水和豆腐拌匀。
3. 豆腐做成方形，撒一层蛋黄碎在豆腐表面。
4. 入蒸锅，中火蒸5分钟即可。

宝宝最爱的营养

豆腐富含优质蛋白质和钙，且比例合适，有利于宝宝吸收，能促进宝宝骨骼发育和增强免疫力。

虾皮鸡蛋羹

补钙、健脑益智

材料

鸡蛋1个，虾皮5克，葱花2克，香油适量。

做法

1. 虾皮洗净，浸泡去咸味，捞出，切碎；鸡蛋洗净，磕入碗中，取蛋黄打散，加入切碎的虾皮和适量清水搅拌均匀。
2. 将搅打好的鸡蛋液放入蒸锅中，开火，待蒸锅中的水开后再蒸5~8分钟，取出撒上葱花和香油即可。

宝宝最爱的营养

虾皮含钙较丰富，鸡蛋也含有丰富的钙质，两者搭配食用，补钙效果佳。

肉末海带面 补充钙质和能量

材料

细面条50克，瘦肉末、海带丝15克，香油少许。

做法

1. 细面条切小段。
2. 锅内倒水置火上，烧开后加入海带丝和细面条段、瘦肉末，用小火煮熟，煮熟后淋上香油即可。

宝宝最爱的营养

海带中钙的含量非常高，宝宝常吃可以补充钙质；面条含有丰富的碳水化合物，搭配食用可以为宝宝补充成长所需的钙质和能量。

补铁

铁是人体制造血液时所必不可少的元素，缺铁会造成贫血和生理功能失调。宝宝出生后6个月，从妈妈体内得到的铁已经不能满足成长的需要，而母乳中铁含量又很低，所以就要开始有意识地在辅食中合理添加含铁食物。

■ 含铁食物要与含维生素C的食物同吃

动物心脏、动物肝脏、动物肾脏、瘦肉、鸡肉、蛋黄、黑鲤鱼、虾、海带、紫菜、蛤蜊肉、南瓜子、芝麻、红枣、木耳、红糖、扁豆、黄豆、菠菜等都是含铁丰富的食物。

其中，肉类及猪肝内的铁较易被吸收，蔬菜中的铁较难吸收。但动、植物食品混合吃，铁的吸收率可以增加1倍，因为植物食品含有维生素C，能促进铁的吸收。

另外，妈妈们宜用铁锅、铁铲等铁制炊具给宝宝烹调食物，这样有助于宝宝对铁元素的吸收。

妈妈们还要注意，在给宝宝纠正贫血的过程中，切不可为了给宝宝增加营养而过多地让其饮用牛奶，因为牛奶含磷较高，会影响铁在体内的吸收，加重贫血症状。

■ 越细碎的食物越补气血

营养学里有一种叫“要素饮食”的方法，是将各种营养食物打成粉状，进入消化道后，能直接吸收，通过消化道的黏膜上皮细胞进入血液循环来滋养我们的身体。

想想喂养宝宝的整个过程，也是这个道理。宝宝出生时喝母乳、配方奶等液体食物，不需任何帮助营养物质就能直接进入血液。6个月后，添加的稀饭、烂面条、肉泥、鱼泥、菜泥，同样在进入消化道后被顺利地吸收进入血液。

给身体瘦削、气色暗淡的宝宝做的食物不但要有营养，还要是糊状的、稀烂的、切碎的，这样能很快帮助宝宝恢复健康，找回好气色。

远离含草酸的食物

虽然菠菜中含铁量较高，但其所含的铁很难被小肠吸收，而且菠菜中还含有一种叫草酸的物质，很容易与铁作用形成沉淀，使铁不能被人体利用，从而失去补血的作用。菠菜中的草酸还易与钙结合成不易溶解的草酸钙，影响宝宝对钙质的吸收。如果无法避免，尽可能与海带、蔬菜、水果等碱性食物一同食用，使草酸钙溶解排出，防止结石。

给宝宝补血最好选择含铁丰富的动物性食物，如瘦肉、动物血、动物肝脏等。除了菠菜，其他含有草酸的常见食物有苋菜、空心菜、芥菜、韭菜、竹笋、橘子、番茄、芦笋、油菜、草莓、核桃、杏仁、腰果等。

补铁补血食材聪明选

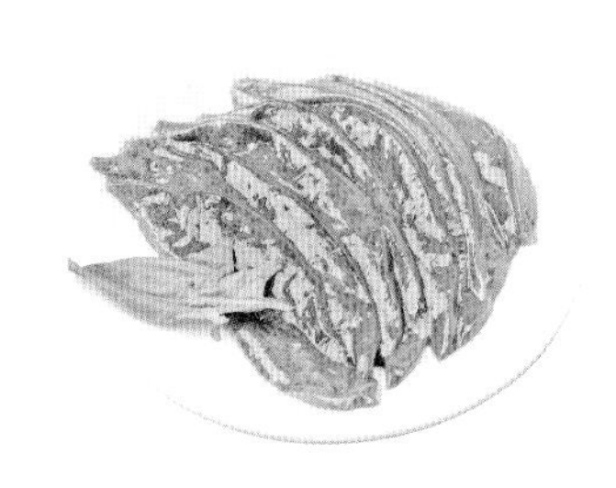

猪肝：富含铁质，且容易被宝宝吸收。

黑木耳：含铁量高，是补血的佳品。

红枣：含有较多的铁、维生素C，是宝宝很好的补血食材。

猪瘦肉：虽然含铁的量不是很多，但利用率却和猪肝差不多。

猪肝瘦肉粥 补铁补血

材料

鲜猪肝、猪瘦肉、大米各50克。

做法

1. 将猪肝、猪瘦肉洗净，剁碎；大米淘洗干净。
2. 洗好的大米放入锅中，加适量清水，煮至粥将熟时，加入拌好的猪肝碎、猪瘦肉碎，再煮至肉熟即可。

宝宝最爱的营养

猪肝、猪瘦肉含铁量都不少，且容易被宝宝消化吸收，有利于宝宝补铁补血。

芋头枣泥羹 辅治缺铁性贫血

材料

芋头50克，
红枣10克，
木耳30克。

做法

1. 将红枣洗净，去核后切成碎丁；木耳切成小片；芋头去皮，切成碎丁。
2. 红枣丁、木耳片、芋头丁放入清水中，用大火煮开后，小火炖成黏稠状即可。

宝宝最爱的营养

红枣和木耳都是非常好的补铁食物，尤其是木耳，100 克木耳中含有180 毫克的铁，常食能辅助治疗宝宝缺铁性贫血。

一日辅食巧搭配

+芋头枣泥羹
+番茄肝末汤
+苹果豆腐羹

木耳新做法

木耳洗净，剁碎，和鸡蛋一起蒸蛋羹，也能起到补铁补血的作用。

让宝宝增强抵抗力

免疫力的强弱直接影响宝宝对疾病的抵抗能力——强者，不易生病，过敏症状少，有利于宝宝健康发育；弱者，会经常生病，食欲下降，营养跟不上，从而导致生长发育受到严重影响，甚至给以后埋下隐患。因此，妈妈们要在日常的饮食中，给宝宝适当增加提高宝宝免疫力的食物，而与人体免疫相关的主要营养素有维生素A、维生素C以及铁、锌、硒等。

■ 多吃富含蛋白质的食物

对于宝宝生长发育来说，蛋白质是基石，没有蛋白质，生命组成就无从谈起。蛋白质是组成“酶”“激素”的原料，它们可以帮助增强宝宝的免疫力、抵抗力等，所以，宝宝摄入充足的蛋白质，有利于增强自身的免疫力，远离疾病的困扰。食物主要来源于豆类、花生、肉类、乳类、蛋类、鱼虾类等。

■ 香菇等菌类食物也是不可缺少的

菌类食物具有提高身体免疫力的作用，因为它可以增加人体内白细胞、单核巨噬细胞的数量，加速淋巴细胞的转化，促进抗体的合成，从而全面提高身体的免疫力，所以宝宝可以多吃些香菇、平菇等。

菌类食物营养价值高，妈妈在给宝宝制作辅食时，要注意清洗干净，避免有沙子等沉积。

多吃富含锌、硒元素的食物

元素	作用	食物来源
锌	增强人体免疫力的重要元素，可以促进白细胞的生长，帮助修复被损坏的免疫系统，有效抵抗病毒的侵袭	牡蛎、瘦肉、猪肝、鱼类、蛋黄等
硒	可以增加体内免疫蛋白的数量，有效预防病毒的感染	豆类、谷类、蔬菜等

增强免疫力食材聪明选

鱼肉：含有丰富的锌，可提高身体免疫力，减少感冒。

香菇：含有一种香菇多糖，能够有效增强机体的细胞和体液的免疫作用。

西蓝花：含有丰富的维生素C，可以增强宝宝的体质，增加抗病能力。

胡萝卜：含有胡萝卜素，维护上皮组织细胞健康和促进免疫球蛋白的合成。

香菇花样新做法

香菇洗净，去蒂，剁碎，与肉泥混合做成丸子，蒸熟，给宝宝吃，也能增强体质。

一日辅食巧搭配

+西蓝花香菇豆腐
+鱼泥
+胡萝卜汁

西蓝花香菇豆腐　增强体质

材料

西蓝花50克，熟咸鸭蛋半个，鲜香菇、豆腐各30克，高汤适量。

做法

1. 西蓝花洗净，切小朵；香菇洗净，切块；咸鸭蛋剥壳，切碎蛋白，研碎蛋黄；豆腐冲净，切块。
2. 锅中加水煮沸，加高汤、西蓝花、香菇和咸鸭蛋煮开，继续煮10分钟。
3. 放入豆腐，煮开即可。

宝宝最爱的营养

西蓝花、香菇都能增强机体免疫力，豆腐富含蛋白质，三者搭配食用，能增强宝宝体质。

猕猴桃橘子汁

增强免疫力

材料

猕猴桃30克，橘子25克。

做法

1. 猕猴桃去皮，切小块；橘子去皮、去子，切小块。
2. 将猕猴桃块和橘子块放入果汁机中，加入适量饮用水搅打均匀即可。

宝宝最爱的营养

猕猴桃和橘子均富含维生素C，其能够促进人体对铁的吸收，参与造血功能，保护细胞。经常给宝宝适当喝些猕猴桃橘子汁，可以帮助宝宝增强免疫力。

鱼肉泥

补充DHA，提高智力

材料

鱼肉50克。

做法

1. 将鱼肉洗净，放入沸水中焯烫，剥去鱼皮，挑去鱼刺，再将肉捣碎，用纱布包起来，挤去水分备用。
2. 锅中倒水煮沸，鱼肉放入锅中大火熬5分钟，至鱼肉软烂即可。

宝宝最爱的营养

鱼肉富含DHA，可以增强神经细胞的活力，提高宝宝的智力。

让宝宝长高个

父母都希望自己的宝宝长高个。宝宝的身高除了受遗传因素影响外，饮食内容和结构也是影响宝宝身高的一个重要因素，蛋白质、钙、磷等营养物质在骨骼发育中起着很大的作用。妈妈们，如何科学合理地选择宝宝的饮食，你们做好准备了吗?

食物巧搭配，补钙效果好

含钙高的食物最好和含优质蛋白质或维生素C、维生素D的食物搭配起来食用，能帮助钙质吸收，也能将钙固着在骨骼中。

多吃健骨增高的食物

具有健骨增高功效的食物有鱼类、瘦肉、水果、蔬菜（如胡萝卜、菠菜等）、蛋类、虾皮、排骨、海带、紫菜、豆制品以及动物内脏等，均富含蛋白质、矿物质、维生素，有利于宝宝身高的增长。

保证营养均衡，不偏食、不挑食

在日常饮食中，各种粮食、水果、蔬菜、鱼、肉、蛋、奶等都要吃，不能只偏爱某一种食物。偏食容易造成营养素缺失，如缺少蛋白质会影响组织的形成，缺少脂肪会导致热量供应不足，缺少维生素A会导致视力发育不良等。此外，父母要对宝宝做出正确的引导，要保证宝宝不偏食，首先家长自己就不能偏食。其次，在做饭的时候，不要根据个人喜好而无视某类食物。

让宝宝远离垃圾食品

垃圾食品热量很高，而且会影响宝宝对其他营养物质的吸收，从而不利于宝宝骨骼的健康发育。如薯条、汉堡等。

长高个食材聪明选

鱼肉：含有丰富的营养物质，尤其是蛋白质、钙等。

豆腐：蛋白质和钙含量丰富，且有利于宝宝的吸收。

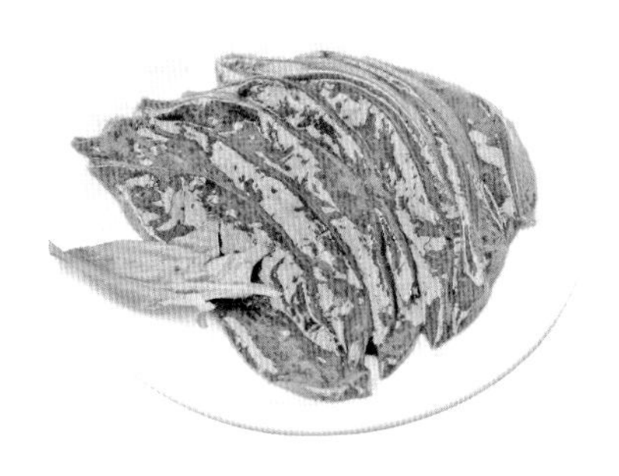

动物肝脏：肝脏类食物富含骨骼发育所需的多种营养物质，如钙、磷、铁等。

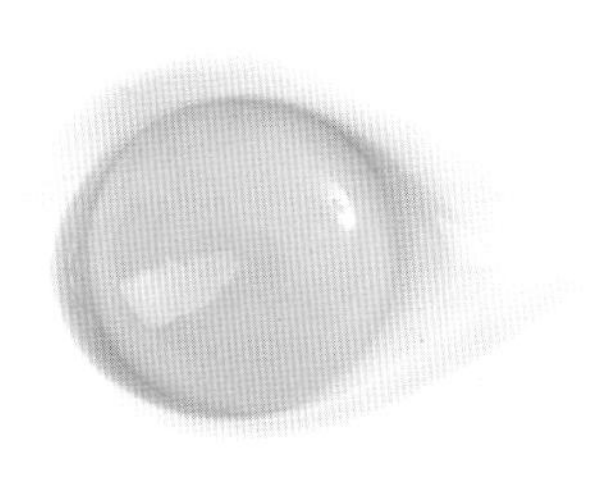

蛋黄：鸡蛋中的大部分蛋白质等营养物质储存于此。

肉末番茄豆腐 促进骨骼发育

材料

豆腐50克，猪瘦肉30克，番茄20克，葱花2克，水淀粉适量。

做法

1. 豆腐焯一下，切小丁；番茄用热水烫一下，去皮，切丁；猪瘦肉洗净，切成肉末备用。
2. 锅置火上烧热，下肉末翻炒至变色。
3. 再放入番茄丁炒成酱状，然后下入豆腐，略炖一炖，再用水淀粉勾芡，撒上葱花即可。

宝宝最爱的营养

豆腐中的蛋白质和钙质比较丰富，有利于促进宝宝骨骼的发育，且有利于消化吸收，非常适合宝宝食用。

猪肝豆腐　补钙

材料

猪肝50克，
豆腐60克，
肉汤100克。

做法

1. 猪肝洗净，除去筋膜，切碎；豆腐洗净，沸水煮一下，切碎。
2. 将切碎的猪肝、豆腐和肉汤一起放入锅中煮熟即可。

宝宝最爱的营养

猪肝营养丰富，可以满足宝宝成长所需的营养，豆腐含有优质蛋白质和钙，有利于宝宝身体的成长。

一日辅食巧搭配

+ 猪肝豆腐
+ 南瓜香米饭
+ 黑芝麻山药糊

豆腐新做法

将豆腐洗净，切成小块，放入冰箱冷藏室一晚上就成冻豆腐了，然后放入肉汤中煮熟，也是一种宝宝非常喜欢的食物，且营养非常丰富。

让宝宝变聪明

每个爸爸妈妈都期望自己有一个聪明伶俐的宝宝。聪不聪明除了先天的影响之外，后天的饮食调养和科学用脑也是十分重要的。而通过饮食调理提高宝宝的智力，无疑是最安全的，也是最科学的，因为宝宝可以在享受美味的同时，还能补充营养，可谓一举两得。

■ 吃得过饱会让宝宝变笨

吃得过饱，摄入的热量就会大大超过消耗的热量，使热量转变成脂肪在体内蓄积。如果脑组织的脂肪过多，就会引起“肥胖脑”。宝宝的智力与大脑沟回皱褶多少有关，大脑的沟回越明显、皱褶越多越聪明。而肥胖脑使沟回紧紧靠在一起，皱褶消失，大脑皮层呈平滑样，而且神经网络的发育也差，所以，智力水平就会降低。

■ 多吃鱼，补充Ω-3脂肪酸

Ω-3脂肪酸对神经系统有保护作用，有助于健脑。研究表明，鱼类中富含Ω-3 脂肪酸，每周至少吃一顿鱼，特别是吃三文鱼、沙丁鱼和青鱼的人，与很少吃鱼的人相比，记忆力更好。吃鱼还有助于加强神经细胞的活动，从而提高记忆能力。

■ 补充卵磷脂，促进宝宝大脑发育

卵磷脂是构成细胞膜的重要物质，而脑细胞膜负责给脑细胞输入营养，排出废物，保护脑细胞不受有害物质的侵害。而卵磷脂充足可以让脑细胞代谢加速，增强免疫和再生的能力，所以充足的卵磷脂可以使宝宝反应速度，记忆力增强。

妈妈可以多给宝宝吃些富含卵磷脂的食物，如蛋黄、鱼、芝麻、谷物、动物肝脏等。

远离含铅、含铝食物

铅是宝宝健康的“杀手”。当宝宝的血铅浓度达到15微克/100毫升时，就会引起发育迟缓和智力减退，而且年龄越小，神经受损越重。含铅食品主要有爆米花、松花蛋、罐装食品或饮料等。铅中毒的症状是食欲缺乏、动作过多、兴奋、睡眠差、尿频遗尿、脾气急躁、喜怒无常、精神不易集中、听觉和语言表达能力差、学习能力欠佳等。

油条、粉丝、凉粉、油饼等食品中的铝含量很高，如果经常给宝宝吃这些食物，就会造成铝摄入过多，从而影响脑细胞功能，导致记忆力下降，思维能力迟钝。尽量不用铝锅、铝壶等厨具。

让宝宝脑瓜灵食材聪明选

鸡蛋：蛋黄中含有卵磷脂、蛋黄素等脑细胞必需的成分，能给大脑带来活力。

鱼：富含优质蛋白、钙和Ω-3脂肪酸，有利于大脑的发育。

花生：含有优质蛋白和卵磷脂等，是神经系统发育必不可少的物质。

核桃：富含赖氨酸和不饱和脂肪酸等物质，对增进脑神经功能有重要作用。

黑芝麻新做法

将黑芝麻洗净，沥干，和熟花生仁、适量温水一起放入豆浆机中，按下“米糊”键，煮至提示做好了即可给宝宝食用，有利于宝宝大脑的发育，让宝宝更加聪明。

黑芝麻核桃粥　健脑益智

材料

黑芝麻30克，
核桃10粒，
糙米60克

做法

1. 将核桃洗净，切碎；糙米洗净后用水泡30分钟，使其软化易煮。
2. 将核桃碎、黑芝麻连同泡好的糙米一起入锅煮至熟烂即可。

宝宝最爱的营养

核桃所含的氨基酸和不饱和脂肪酸，有利于增强宝宝脑神经功能，让宝宝更加聪明。

鸡蛋稠粥

提供脑部营养

材料

鸡蛋1个，大米50克。

做法

1. 大米淘洗干净，加适量水大火煮开，转小火继续熬煮。
2. 鸡蛋磕开，取蛋黄，打散备用。
3. 在米粥熬到稠时，倒入蛋液，搅拌均匀即可。

宝宝最爱的营养

蛋黄含有脑细胞发育的重要营养成分，如卵磷脂、蛋黄素等，可以促进宝宝大脑活力，让宝宝更加聪明。

黄豆鱼蓉粥

让宝宝头脑更聪明

材料

黄豆60克，青鱼80克，白粥1小碗。

做法

1. 将黄豆洗净，加水煮至熟烂；青鱼去皮，切成小片。
2. 待锅中白粥煮开，放入黄豆粒煮至熟透。
3. 下入鱼片，开大火煮1分钟即可。

宝宝最爱的营养

黄鱼中富含优质蛋白、钙和Ω-3脂肪酸，有利于宝宝大脑的发育，常吃可以让宝宝更聪明。

让宝宝视力好

眼睛是心灵的窗户，一双健康明亮的双眸，对宝宝的重要意义不言而喻。而像维生素A、B族维生素、维生素C、维生素D、钙、硒等元素，对宝宝的视力有着不可忽视的积极作用。其中以维生素A作用最大，它是视觉细胞内感光物质的成分，能维持正常的视觉反应，保护宝宝的视力。

对宝宝眼睛有益的营养素必不可少

营养素	主要作用
维生素A	最好来源是各种动物的肝脏、鱼肝油、奶类和蛋类，维生素A能维持眼角膜正常，不使眼角膜干燥和退化，增强在黑暗中看东西的能力
胡萝卜素	含胡萝卜素多的食物，如胡萝卜、南瓜、青豆、番茄等，最好用油炒熟了吃或凉拌时加点熟油吃。这样有助于胡萝卜素在人体内转变成维生素A
维生素C	含维生素C丰富的食物有各种新鲜蔬菜和水果，其中尤以青椒、黄瓜、菜花、小白菜、鲜枣、梨、橘子中含量最高
钙	钙对眼睛也是有好处的，钙有消除眼睛紧张的作用。豆类、绿叶蔬菜、虾皮含钙量都比较丰富
维生素B_2	含维生素B_2多的食物有瘦肉、鸡蛋、酵母、扁豆等。维生素B_2能保证眼睛视网膜和角膜的正常代谢

食物品种要多样，避免挑食与偏食

宝宝挑食和偏食会造成营养不均衡，一旦身体缺乏某些营养素，就可能影响眼睛的正常功能，造成视力衰退。要根据宝宝的实际情况全面合理地安排膳食，要做到荤素合理搭配、粗细结合。特别是粗粮中含有较多的营养素，对宝宝的眼睛有很好的保健作用。

保证蛋白质的摄入

含有蛋白质的食物对视力的调节十分有益。保证蛋白质的供应有利于保护眼睛的正常功能，所以宝宝在日常饮食中要适当增加鱼、肉、奶、蛋等含蛋白质食物的摄入。

避免过量吃甜食

甜食中的糖分在人体内代谢时需要大量的维生素B_1，如果宝宝摄入过多的糖分，体内的维生素B_1就会相对不足。如果宝宝患有近视，应该尽量少吃甜食，可以多吃些白萝卜、胡萝卜、黄瓜、豆芽、青菜、糙米和芝麻等，这些食物对视力有好处。

保护视力食材聪明选

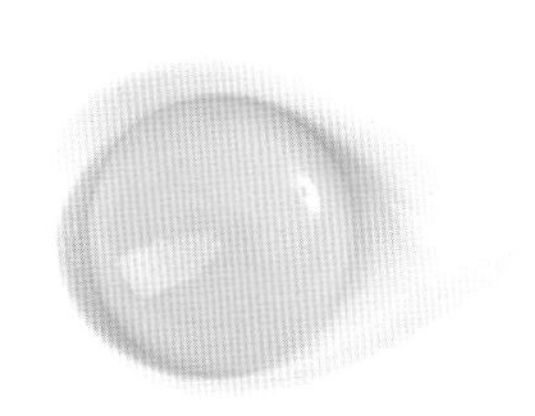

蛋黄：含有叶黄素和玉米黄素，两者具有很强的抗氧化作用，可起到保护眼睛的作用。

胡萝卜：含有丰富的胡萝卜素，其对于眼部滋养有很大的帮助。

猪肝：富含维生素A、铁、锌等，是理想的补肝明目食品。

西蓝花：富含叶黄素，其可以保护眼睛，维护视力健康。

胡萝卜新做法

将胡萝卜洗净，去皮，切成手指粗细的粗条，让宝宝拿着吃，既可以增强宝宝的食欲，还能缓解乳牙萌出带来的不适。

胡萝卜小鱼粥　保护眼睛

材料

白粥30克，胡萝卜20克，小鱼干10克

做法

1. 胡萝卜洗净，去皮，切末；小鱼干泡水洗净，沥干。
2. 胡萝卜、小鱼干煮软，捞出沥干。
3. 白粥入锅，加小鱼干搅匀，最后加胡萝卜末煮开即可。

宝宝最爱的营养

胡萝卜富含胡萝卜素，可以为眼睛提供丰富的营养，起到保护宝宝眼睛的作用。

蛋黄豌豆糊
保护视力

材料

豌豆、大米各20克，鸡蛋1个。

做法

1. 大米淘洗干净，用水浸泡30分钟；豌豆洗净煮烂，压成豆泥。
2. 鸡蛋煮熟，取出蛋黄，压成泥。
3. 将大米和豌豆泥加水一起煮1小时，呈半糊状后拌入蛋黄泥即可。

宝宝最爱的营养

豌豆含有丰富的胡萝卜素，在体内能转化为维生素A，对保护宝宝视力有一定益处。

猪肝瘦肉碎
补肝明目

材料

猪肝、猪瘦肉各50克，葱花2克。

做法

1. 猪肝洗净，切碎块；猪瘦肉洗净，剁成碎块。
2. 将肝碎和肉碎放入碗中，加少许水搅匀，放入蒸笼中蒸熟。
3. 蒸熟后取出撒上葱花即可。

宝宝最爱的营养

猪肝中含有丰富的维生素A、锌、铁等，有很好的补肝明目的效果。

让宝宝头发乌黑浓密

头发是健康的“晴雨表”，通过它，妈妈们可以大致了解宝宝身体健康状况，当然头发还能减少宝宝头皮的损伤。除了蛋白质、维生素C、维生素E和B族维生素等头发的基本营养素外，铜是头发合成黑色素必不可少的元素，锌在毛发美化方面有重要作用。其他营养物质还包括酪氨酸、泛酸、铁、碘等。

对宝宝乌发护发有益的营养素必不可少

营养素	作用	食物来源
铁和铜	能够补血养血，血不亏才能滋养头发、使宝宝乌发润发	含铁多的食物有动物肝、蛋类、木耳、海带、大豆、芝麻酱等，含铜多的食物有动物肝、坚果和干豆类等
维生素A	能维持上皮组织的正常功能和结构的完善，促进头发的生长	有胡萝卜、菠菜、核桃仁、芒果、动物肝、鱼、虾类等
维生素B_1 维生素B_2 维生素B_6	如果缺乏，宝宝的头发会发黄发灰	有谷类、豆类、坚果、动物肝、奶类、蛋类和绿叶蔬菜等
酪氨酸	是头发黑色素形成的基础，如果缺乏，会造成头发黄	有鸡肉、牛瘦肉、猪瘦肉、兔肉、鱼及坚果等

合理搭配饮食，保证营养供给

应注意调配饮食，改善宝宝身体的营养状态。鸡蛋、瘦肉、大豆、花生、核桃、黑芝麻中除含有大量蛋白质，还含有构成头发的主要成分胱氨酸及半胱氨酸，它们是养发护发的最佳食品。

适量食用碱性食物

父母应该适量给宝宝食用一些含碘的食物，如海带、紫菜等，还可以吃些碱性食物，如芹菜、白菜、柑橘等，可中和体内的酸性物质，改善宝宝头发发黄的情况。

乌发护发食材聪明选

黑芝麻：富含维生素、蛋白质、铁、铬等，多吃黑芝麻能滋润头发。

海带：富含碘元素，食用它可增加头发的光泽和柔韧性。

鱼类：能减少宝宝头皮出油，使头发干爽。

核桃：可使头发变得更健康、强韧、黑亮。

核桃豌豆羹 乌发清肠

材料

核桃仁、豌豆各30克，藕粉10克。

做法

1. 豌豆洗净，煮熟烂，捣成泥。
2. 核桃仁去皮，炸透，擀成末。
3. 锅中加水煮开，加豌豆泥搅匀煮开。
4. 加入藕粉勾成糊状，撒上核桃仁末即可。

宝宝最爱的营养

核桃中含有铜、B族维生素和维生素E，多食能够让宝宝的头发健康黑亮；豌豆则富含膳食纤维，故能促进大肠蠕动，起到清洁肠道的作用。

黄鱼粥

维护头发健康

材料

大米50克，黄鱼肉70克，胡椒粉、葱花各适量。

做法

1. 黄鱼肉去净鱼刺，切成丁；大米淘净，用水泡30分钟。
2. 大米倒入锅中加水，煮成粥。
3. 加入鱼肉丁及葱花、胡椒粉拌匀即可关火。

宝宝最爱的营养

黄鱼富含硒元素，能清除人体代谢废物；黄鱼中的蛋白质、维生素含量也很丰富，其还具有健脾胃、安神益气以及维护头发健康的效果。

黑芝麻花生糊

滋润头发

材料

黑芝麻、熟花生仁各20克。

做法

1. 黑芝麻洗净，沥干。
2. 将黑芝麻和熟花生仁放入搅碎机中搅碎。
3. 加入适量温开水搅拌成糊状即可。

宝宝最爱的营养

黑芝麻中含有维生素、蛋白质、铁等多种营养成分，为宝宝头发生长提供充足的营养。

让宝宝睡得香

宝宝睡得好，妈妈才安心，父母可以在饮食上多加调理，让宝宝睡得香甜、快速成长、远离疾病。

晚餐不过饱，睡前不过动

晚餐时不宜让宝宝吃得过饱，因为脾胃晚上也需要休息，晚上吃得太饱会加重脾胃的负担，扰动脾胃的阳气，从而影响宝宝睡眠。宝宝晚餐宜吃七八分饱，并且食物的口味尽量清淡。

睡前30分钟不宜让宝宝看电视、听音响、嬉闹玩耍或剧烈运动，这是因为电视、音响等电器发出的辐射会干扰宝宝的自律神经，影响睡眠。

补充足够的B族维生素

维生素B_2、维生素B_6、维生素B_{12}、维生素B_9及烟碱酸具有助眠作用。维生素B_{12}可以维持神经系统的健康，消除烦躁不安。烟碱酸常被用来改善因忧郁症而引起的失眠。而维生素B_6可以帮助大脑制造血清素，这种物质和维生素B_1、维生素B_2一起作用，恰恰可以让色氨酸转化为烟碱酸。全麦面包、花生和牛肉都是富含B族维生素的食物，是失眠患者不可或缺的日常食物。

晚餐远离三类食物

辛辣的食物	晚餐给宝宝吃辛辣的食物也是影响睡眠的重要原因。辣椒、大蒜、洋葱等会造成胃中有灼烧感和消化不良，进而影响宝宝睡眠
油腻的食物	宝宝晚餐吃了油腻的食物后会加重肠、胃、肝、胆和胰的工作负担，刺激神经中枢，让它一直处于工作状态，也会导致宝宝睡眠不好
含咖啡因的食物	很多人都知道，咖啡因会刺激神经系统，还具有一定的利尿作用，这类食物有巧克力、可乐等

改善睡眠的营养素

营养素	作用	食物来源
色氨酸	有安神、催眠效果	小米、香蕉、芝麻等
碳水化合物	增强血液中色氨酸浓度	大米、小米、红豆等
B族维生素	维持神经系统健康，消除烦躁，强化色氨酸的助眠功能	各种豆类、谷类及生菜等蔬菜

改善睡眠食材聪明选

小米：其色氨酸含量在所有谷物中独占鳌头，色氨酸能促进大脑神经细胞分泌出5-羟色胺，使大脑思维活动受到暂时抑制，使人产生困倦感。

红枣：富含维生素B_9，维生素B_9参与血细胞的生成，促进宝宝神经系统的发育，有益智安神的作用。

莲子：有养心安神之功效。含有心碱、芦丁等成分，有镇静作用，使宝宝快速入睡。

红豆：具有清心安神，健脾益肾的作用。

山药红枣粥 益智安神、健脾胃

材料

山药60克，大米50克，薏米10克，红枣25克。

做法

1. 将红枣用沸水涨发后去核；山药去皮，切丁；大米淘洗干净；薏米淘洗干净后用清水浸泡2~3小时。
2. 将大米和薏米大火熬15分钟，加入红枣、山药丁，用小火再煮10分钟即可。

宝宝最爱的营养

红枣中富含维生素B_9，有利于促进宝宝神经系统的发育，也有利于宝宝益智安神。

红豆小米糊　清心安神

材料

红豆50克，
小米40克，
核桃仁5克

做法

1. 红豆用清水浸泡4~6小时，洗净；小米淘洗干净，用清水浸泡2小时；核桃仁洗净。
2. 将上述食材一同倒入全自动豆浆机中，加水至上、下水位线之间，按下“米糊”键，煮至豆浆机提示米糊做好，加蜂蜜搅匀即可。

宝宝最爱的营养

红豆和小米都有益智安神的作用，做成糊状，还有利于宝宝消化吸收，所以更有利于宝宝的安睡。

一日辅食巧搭配

+ 红豆小米糊
+ 牛肝拌番茄
+ 苹果金团

小米新做法

将小米洗净，沥干，碾成末，和面粉、酵母粉一起蒸成小米糕，给宝宝吃，也能起到清心安神的作用，且宝宝可以自己拿着吃，营养又方便。

让宝宝肺好，呼吸畅

雾霾严重的时候，父母不希望宝宝出去玩。其实也不必过于担心，可以让宝宝多喝些水、吃些梨等滋阴润肺的食物，这样有利于保护宝宝的肺，让宝宝自由呼吸。

■ 多吃白色食物

按照中医五色入五脏的说法，白色食物润肺、清肺效果最佳。常见的白色食物有很多，蔬菜有白萝卜、白菜、菜花、荸荠、莲藕等；水果中白色食物有甘蔗、雪梨等，其中，雪梨的水分大，性略寒，可以起到生津润燥、清热化痰的作用。

另外，葡萄、石榴、柿子和柑橘虽然不是白色的，但也都是不错的养肺水果。

■ 秋季润肺宜多喝水

秋季气候干燥，会让宝宝的身体丢失大量水分，要及时补足这些损失，每天至少要比其他季节多喝500毫升以上的水，以保持肺脏与呼吸道的正常湿润度。还可直接将水“摄”入呼吸道，方法是将热水倒入杯中，让宝宝用鼻子对准杯口吸入，每次10分钟，每天2~3次即可。

■ 食物生熟吃润肺效果不同

想要给宝宝润肺，不仅要选好食物，还要注意吃法和烹饪手法。下面以莲藕、雪梨和白萝卜为例：

莲藕：生吃可清热润肺；熟吃可健脾开胃。

雪梨：生吃可清肺热，去实火；熟吃可清虚火。

白萝卜：生吃可清肺热，止咳嗽；熟吃可化痰。

多选择清淡饮食

多吃一些新鲜的蔬果，例如，含有大量水分的梨，以及具有润肺止咳功效的柑橘。少吃一些肥腻、口味重（过咸或过甜）的食物，尤其是羊肉等热性食物更要避免，以免引起肺部燥热上火。

润肺食材聪明选

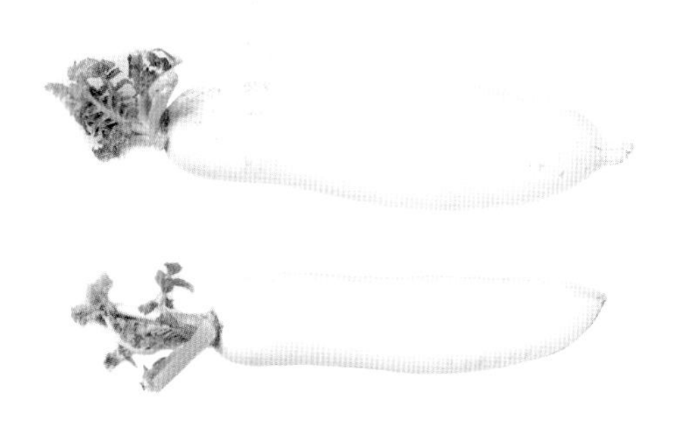

白萝卜：止咳化痰，清除肺内积热。

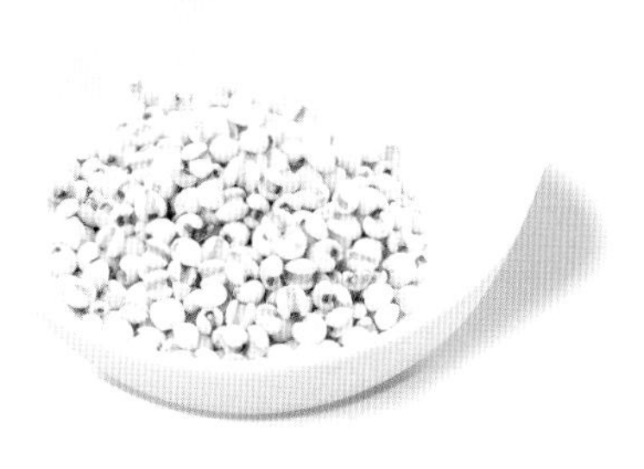

薏米：健脾益肺。

雪梨：润肺止咳。

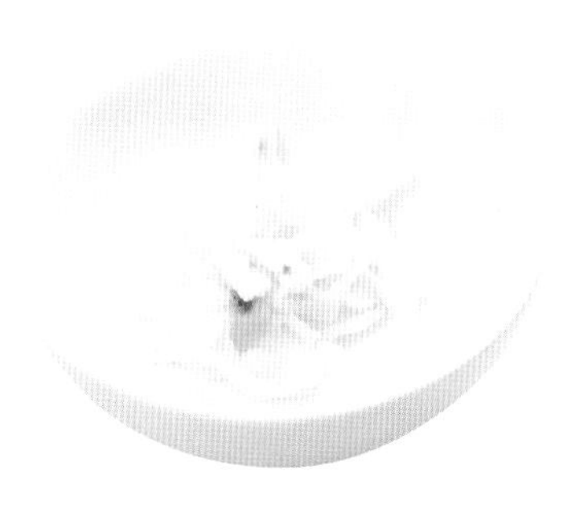

百合：滋阴润肺。

薏米雪梨粥 保护肺部健康

材料

薏米、大米各50克，雪梨1个。

做法

1. 将薏米淘洗干净，用清水浸泡4小时；大米淘洗干净；雪梨洗净，去皮和蒂，除核，切丁。
2. 锅中放入薏米、大米和适量清水，大火煮开后，转小火煮至米粒熟烂，再放入雪梨丁煮开即可。

宝宝最爱的营养

雪梨是大家公认的润肺食物，而富含维生素E的薏米也可保护肺部健康，二者搭配食用，润肺效果更好。

百合粥

清心润肺

材料

鲜百合15克，莲子10克，大米50克。

做法

1. 鲜百合、大米分别用清水洗净备用；莲子洗净，用水泡2小时。
2. 锅置火上，加适量水，放入鲜百合、莲子、大米，大火烧沸，转小火煨煮 30分钟左右即可。

宝宝最爱的营养

百合入心经，性微寒，能帮助宝宝滋阴润肺，还有清心除烦的作用。

白萝卜山药粥

补肺化痰

材料

白萝卜50克，山药20克，大米80克，香菜末4克。

做法

1. 白萝卜去缨，去皮，洗净，切小丁；山药去皮，洗净，切小丁；大米淘洗干净。
2. 锅置火上，加适量清水烧开，放入大米，用小火煮至八成熟，加白萝卜丁和山药丁煮熟，撒上香菜末即可。

宝宝最爱的营养

白萝卜能止咳化痰、清除肺内积热；山药能健脾补肺，两者结合，利于宝宝化痰止咳。

让宝宝开胃

宝宝胃口不好，就会影响营养的吸收，容易导致身体出现问题，甚至生病。保证宝宝有良好的胃口，是父母们的一大功课。营养素中，维生素A对于胃肠上皮的正常形成、发育与维持有很大的作用，对胃内黏膜也有很好的保护作用；维生素U能够有效抑制和治疗胃溃疡。

规律进食

宝宝规律地进餐，定时定量，可形成条件反射，有助于消化腺的分泌，更利于消化。要做到每餐食量适度，每日三餐定时，到了该吃饭的时间，不管肚子饿不饿，都应让宝宝进食，避免过饥或过饱。

补充B族维生素

营养素	作用
维生素B_{12}	能够帮助消化，增加食欲
维生素B_1	能够促进糖的分解，促进胃肠蠕动
维生素B_6	能够增强胃的吸收功能，维持消化系统的健康

少吃零食

零食的营养价值低，很多宝宝因为贪吃零食而不爱吃辅食，导致营养不良，所以应该少给宝宝吃零食，尤其是饭前1小时最好不吃。另外，饭前最好不要给宝宝吃一些过甜的食物，如葡萄、香蕉、荔枝等，这些食物含糖较高，可能会降低食欲。可用山楂、话梅、陈皮等刺激食欲，草莓等水果也有一定的开胃效果。

忌吃寒凉食物

脾胃最怕寒凉的食物，这个“寒凉”不单单指我们所说的温度冰冷的食物，还包括它的属性，像香蕉、西瓜这些都是寒性食物，宝宝吃多了会影响消化吸收。因此，脾胃不好的宝宝尽量少吃水果，因为水果大多数都性质寒凉，容易伤脾胃。另外，像冰激凌、雪糕等也要少给宝宝吃。

开胃食材聪明选

山楂：所含的解酯酶有促进胃液分泌和增强胃内酶素等功能。

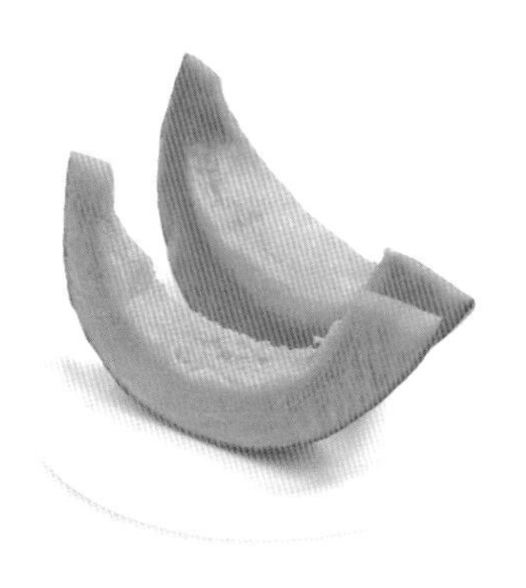

南瓜：含有果胶，可以保护胃黏膜，促进溃疡面的愈合；还能促进胆汁分泌，加强胃肠蠕动，帮助食物消化。

香菇：富含维生素D，且香菇有益胃助食的功效。

红枣：维生素C的含量丰富，也被视为健脾和胃的滋补品。

红豆山楂米糊

开胃、助消化

材料

红豆、大米各50克，山楂10克。

做法

1. 红豆洗净，浸泡4~6小时；大米淘洗干净，浸泡2小时；山楂洗净，浸泡半小时，去核。
2. 将全部食材倒入全自动豆浆机中，加水至上、下水位线之间， 按下“米糊”键，煮至豆浆机提示米糊做好即可。

宝宝最爱的营养

山楂所含解脂酶能促进胃液分泌，增加胃内消化酶，促进脂肪类食物的消化。

二米南瓜糊

暖脾胃、促进新陈代谢

材料

大米、糯米各30克，南瓜20克，红枣10克。

做法

1. 大米、糯米淘洗干净，清水浸泡1小时。
2. 南瓜洗净，去皮，除子，切粒；红枣洗净，去核，切碎。
3. 大米、糯米、红枣碎和南瓜粒倒入全自动豆浆机中，加水，按“米糊”键，煮至豆浆机提示米糊做好即可。

宝宝最爱的营养

大米、糯米都有健脾胃的作用；南瓜富含膳食纤维能促进肠道蠕动；红枣能补血养血，几者搭配食用能暖脾胃、促进新陈代谢。

燕麦木瓜红枣羹

益肝和胃

材料

木瓜20克，燕麦片50克，红枣10克。

做法

1. 木瓜削皮去子，切丁；红枣洗净，拍扁去核，切碎。
2. 锅中加水煮开，放入红枣碎煮10分钟，待红枣出味，放入燕麦片，稍加搅拌。
3. 待沸腾后，倒入木瓜丁稍煮后即可食用。

宝宝最爱的营养

红枣中维生素C的含量很高，被视为健脾和胃的滋补品，所以有利于增强宝宝的食欲。

陈皮粥

开胃消食

材料

陈皮10克，大米30克。

做法

1. 陈皮洗净，放入锅中，加适量水，煎取药液，去渣取汁。
2. 大米洗净，用水浸泡30分钟。
3. 锅置火上，加适量水和陈皮汁烧开，放入大米熬至粥稠米烂即可。

宝宝最爱的营养

陈皮所含的挥发油有利于胃肠积气排出，能促进胃液分泌，有开胃消食的作用。

让宝宝不上火

宝宝如果出现大便干燥、小便发黄、口舌生疮、睡觉不香、食欲不佳等症状，就基本可以判断是上火了。由于宝宝的脏腑、肌肤都比较娇嫩，一年四季之中温差变化显著的时候都容易上火，妈妈需要适时地为宝宝安排清凉降火的饮食，并辅以滋补，引起宝宝食欲，帮助宝宝对抗火气。

常吃新鲜水果和蔬菜

新鲜的水果和蔬菜除了含有大量水分外，还富含维生素、矿物质和膳食纤维，这些营养素可以起到清热解毒的作用。比如香蕉具有润肠的效果，此外，黄瓜、番茄、梨、橙子、西瓜等，都是常见的清润降火的美味蔬果。

每天吃点蔬果，如黄瓜切1段，小番茄3-5个，橙子半个，西瓜巴掌大的1块。

补充充足的水分

宝宝上火会消耗体内的水分，给宝宝多喝些白开水，这样可以补充丢失的水分，还能清理肠道，排出废物，唤醒消化系统，恢复身体机能，清洁口腔。宝宝上火时如果不喜欢淡而无味的白开水，也可给宝宝喝些柠檬水。

饮食应注重平衡和清淡

少吃辛辣、油炸、三高（高脂肪、高蛋白、高糖）食品，尽量做到肉、蛋、奶、蔬菜均衡摄入，不要暴饮暴食，食物积聚在胃肠道很容易引起上火。

夏季饮食尤其要注意

1. 夏季天气炎热，宝宝容易上火。这时可以适量吃些带苦味的食物，苦味食物不但具有消炎退热等药理作用，还能增强食欲，比如苦瓜、苦菜等。

2. 给宝宝适量多吃一些能消暑的食物，比如西瓜、苦瓜、黄瓜、绿豆等，减少宝宝体内的积热。

3. 夏季宝宝出汗较多，体内的水分流失较多，应多次少量地补充水分，以温开水、绿豆汤、酸梅汤、矿泉水、西瓜汁等最适宜，不喝碳酸饮料和含糖饮料。

4. 应少吃些肉，肉不容易消化，在胃中停留时间长，容易使宝宝感到腹胀，不思饮食。

预防上火食材聪明选

绿豆：性甘、味寒，可清热解暑、除烦解渴。

冬瓜：性凉，味甘，入肺、大肠、小肠、膀胱经，可利湿泻火，并且含有较多水分，能帮助宝宝身体清热消肿。

梨：性凉、含水量高，能缓解咽干、咽痒、咽部肿痛等胃火症状，还可以清六腑之热，滋五脏之阴。

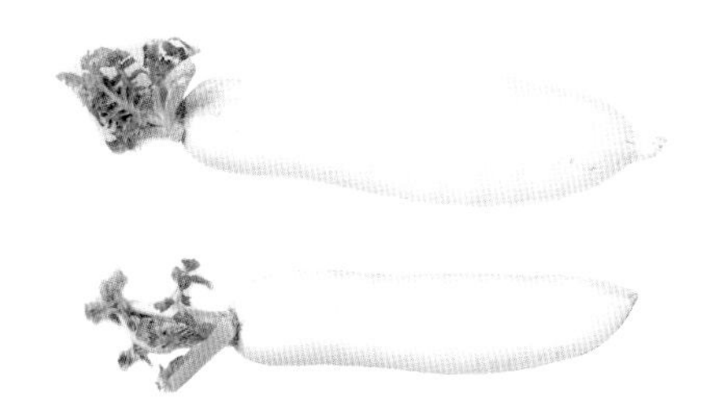

白萝卜：可调理肝火虚旺、清肺热，还能解毒消炎、提高免疫力。

白萝卜新做法

将白萝卜洗净，切成细条，然后用淡盐水腌一下，可以去除辣味，然后炒熟，给宝宝食用，也能起到祛火的作用。

白萝卜番茄汁 降火

材料

白萝卜50克，
番茄100克。

做法

1. 将白萝卜洗净，去皮，切成小丁；番茄洗净，去皮，切丁。
2. 将白萝卜丁、番茄丁放入果汁机中，加入适量饮用水搅拌成汁即可。

宝宝最爱的营养

白萝卜可以调理肝火，清肺热，打成汁给宝宝，可以更加完整地吸收白萝卜的营养成分，对宝宝降火非常有好处。

黄瓜雪梨汁

清热去火

材料

黄瓜50克，雪梨100克。

做法

1. 黄瓜洗净，切丁；雪梨洗净，去皮和核，切小块。
2. 将黄瓜丁、雪梨块放入果汁机中，加入适量饮用水搅打即可。

宝宝最爱的营养

雪梨含水分多，可以缓解胃火等症状，加上黄瓜也是水分多，搭配食用，有利于宝宝清热祛火。

双豆莲藕汤

清热降火

材料

绿豆、红豆各50克，莲藕60克。

做法

1. 将绿豆、红豆洗净；莲藕洗净，切丁。
2. 绿豆、红豆放入锅内煮软，放入藕丁后，搅拌一下，继续煮一会儿即可。

宝宝最爱的营养

绿豆性甘、味寒，可清热解暑、除烦降火、健脾益气、增强食欲。

让宝宝不感冒

感冒是宝宝最常见的一种疾病，80%~90%是由病毒引起的。由于宝宝的免疫系统尚不成熟，抵抗病毒的能力较弱，所以容易让病毒入侵，出现感冒症状。此外，如果宝宝营养不良，可能导致免疫系统的营养素缺少，容易患感冒。具体来说，感冒分为风寒感冒、风热感冒和暑湿感冒。

多喝开水，多吃流质食物

感冒的宝宝经常会发热、出汗，体内的水分流失较多。大量饮水可以增进血液循环，加速体内代谢废物的排泄。此外，在饮食上可以多吃流质食物，如汤、粥、果蔬汁等，既好消化又能促进排尿，减少体内病毒。

预防感冒的营养素

营养素	主要作用	食物来源
维生素A	保护和增强上呼吸道黏膜和呼吸器官上皮细胞的功能，从而可抵抗各种致病因素侵袭	胡萝卜、苋菜等黄绿色蔬菜
维生素C	抗病毒、增强宝宝免疫力的同时，还有助于身体恢复，而且还能促进宝宝的食欲	苹果、橘子、柠檬、小白菜、油菜、番茄、土豆、红薯、黄瓜等
维生素E	提高宝宝免疫功能，增强机体的抗病能力	坚果等
锌	能增强人体对感冒病毒的抵抗力	牡蛎、扇贝、牛肝、牛肉、鸡肉、花生等
铁	是免疫细胞在成长时所需要的	牛瘦肉、猪肝、蛋黄、牡蛎、水发木耳、干紫菜、菠菜等

饮食禁忌

不要给患感冒的宝宝吃过咸的食物，如咸菜、咸鱼等，也不能吃太甜、油腻、辛辣的食物。烧、烤、煎、炸等食物也要少吃或不吃，因为其气味会刺激呼吸道或消化道，导致病情加重。

预防感冒食材聪明选

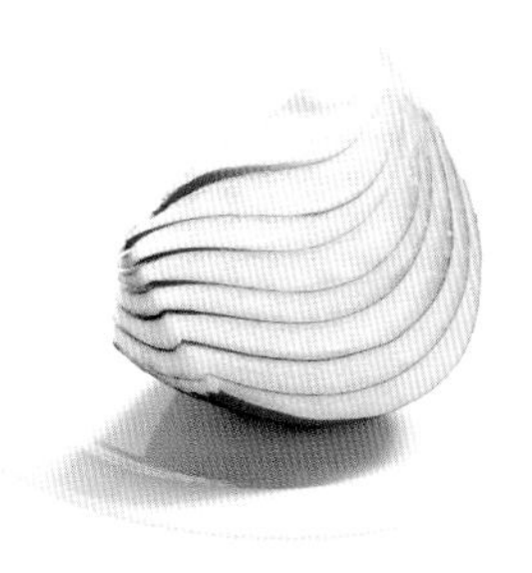

洋葱：有杀菌功效，其对春季流行感冒、风寒引起的感冒都有很好的治愈功能。

香菇：含有丰富的硒、核黄素、维生素B_3和大量的抗氧化物，是增强身体免疫力、对抗感冒的有力武器。

胡萝卜：富含胡萝卜素，其对预防、治疗感冒有独特作用。

樱桃：富含胡萝卜素、维生素C，能提高宝宝的免疫力，对抗感冒病毒。

洋葱粥

增强免疫力

材料

洋葱100克，大米50克。

做法

1. 将洋葱洗净，去掉老皮，切碎；大米淘洗干净，用水浸泡30分钟。
2. 将洋葱碎、大米一起放入锅中煮成稀粥即可。

宝宝最爱的营养

洋葱含有蛋白质、多种维生素和矿物质，营养非常丰富，具有增强宝宝身体免疫力的作用。

香菇疙瘩汤

增强抗病能力

材料

面粉 50 克，香菇丁 50 克，鸡蛋 1 个，菠菜 20 克，高汤 200 毫升。

做法

1. 将面粉、适量清水和成面团，揉匀，擀成薄片，切成小丁，撒入少许面粉，搓成小球；鸡蛋取蛋黄，打成蛋液；菠菜洗净，焯水，切段。
2. 锅中放高汤、面球煮熟，加蛋黄液、香菇丁、菠菜段煮熟即可。

宝宝最爱的营养

香菇含有的香菇多糖能调节身体免疫，增强宝宝身体的抗病能力。

香菇西蓝花牛肉粥

抵抗病毒侵袭

材料

香菇20克，西蓝花15克，熟牛肉粒30克，小米适量。

做法

1. 将香菇、西蓝花洗净，用水煮熟，切碎。
2. 将小米淘洗干净。
3. 锅置火上，放小米煮熟，然后放香菇碎、西蓝花碎煮熟，然后放熟牛肉粒煮开即可。

宝宝最爱的营养

香菇含有大量抗氧化物，能增强身体素质，抵抗病毒的侵袭，让宝宝远离感冒。

胡萝卜红薯汁

预防感冒

材料

红薯50克，胡萝卜100克，配方奶粉100毫克。

做法

1. 红薯洗净、去皮、切小块、蒸熟晾凉；胡萝卜洗净，切丁。
2. 将红薯、胡萝卜和配方奶粉放入果汁机中，加适量饮用水搅打均匀即可。

宝宝最爱的营养

胡萝卜含有胡萝卜素，帮助宝宝预防感冒的发生，加上营养丰富的配方奶粉，能增强宝宝的身体免疫力，所以常喝这款果汁，可以有效预防感冒的发生。

让宝宝不便秘

宝宝便秘是经常困扰父母的常见疾病之一。而宝宝饮食不当，偏食，生活不规律，缺乏按时排便的训练等，都可能导致宝宝便秘，宝宝出现大便干燥、变硬、量少、排便困难等表现。若时间过长，会导致宝宝肠道内的废物发酵，产生毒素，对宝宝身体健康产生不利影响。

因此，要想避免宝宝便秘，平时要多给宝宝食用一些富含膳食纤维的食物，促进肠胃蠕动，保证排便顺畅。

膳食纤维与水协同作用效果佳

首先，宝宝吃完含膳食纤维的食物后最好喝些白开水，可以促进食物中可溶性膳食纤维的溶解和膨胀，这样能更好地发挥其作用。

其次，水适用于各种类型的便秘，利于通便。宝宝可以每天晨起空腹喝淡盐水，利于保持肠道通畅，增加肠道内水分。

警惕可能含有害物质的食品

食品种类	主要原因
腌制食品	腌制类食品加工过程中会加入很多盐，盐中含有亚硝酸盐、硝酸盐等物质，可能产生如亚硝酸胺等有害物质，不宜给宝宝食用，对身体健康不利，可诱发癌症
含铅食品	铅是一种对神经系统损害最为严重的重金属元素，进入血液后，可引起宝宝机体代谢过程的障碍，对宝宝全身各组织器官都有损害。常见的含铅食物有油条、爆米花、薯片、松花蛋、膨化食品等
某些可能含有毒素的天然食物	比如发芽土豆、没煮熟的豆角、半生不熟的豆浆等

此外，杯子、暖壶或水壶用久了会产生水垢，水垢中含有较多的有害金属元素，如镉、汞、砷、铝等，如果不及时将这些水垢清除干净，会引起消化、神经、泌尿、造血、循环等系统的病变，不利于宝宝的健康。

润肠和产气食物可适当摄入

宝宝适量进食一些含不饱和脂肪酸的食品，如核桃仁、芝麻等，有润肠通便的作用。此外，富含果胶的食物也能润肠并软化大便，从而减轻便秘症状，如苹果等。

另外，像豆类、薯类等产气食物在进入肠道后，经分解能够产生大量气体，从而鼓胀肠道，增强肠蠕动，下气通便。所以，宝宝也可以适量吃些产气的食物。

预防便秘食材聪明选

红薯：膳食纤维含量非常丰富，能刺激肠道，增强其蠕动。

苹果：削了皮的苹果有很好的促进消化和排泄的作用，对宝宝便秘很有用。

白菜：膳食纤维含量丰富，可促进肠胃蠕动，加快肠道废物排泄。

芹菜：含有丰富的膳食纤维，可以有效缓解宝宝便秘症状。

白菜汁

润肠通便

材料

白菜100克。

做法

1. 白菜洗净，切段，放入沸水中焯烫至九成熟。
2. 将白菜放入榨汁机中加纯净水榨汁，过滤后即可。

宝宝最爱的营养

白菜中含有丰富的膳食纤维，可以促进宝宝肠胃蠕动，预防便秘的发生。此外，还能预防宝宝肥胖。

苹果西芹胡萝卜汁

预防宝宝便秘

材料

苹果150克，西芹、胡萝卜各50克。

做法

1. 苹果洗净，去核，切块；西芹洗净，去叶，切小段；胡萝卜洗净，切块。
2. 将苹果块、西芹段、胡萝卜块和适量水一起放入果汁机中搅打均匀，去渣取汁即可。

宝宝最爱的营养

苹果、西芹、胡萝卜都富含丰富的膳食纤维，打成汁给宝宝，更能完整保留营养素，对预防宝宝便秘效果显著。

红薯玉米面粥

促进肠胃蠕动

材料

红薯20克，玉米面50克。

做法

1. 红薯去皮，洗净，切块，放入锅中，加适量水大火煮沸，转小火熬煮。
2. 玉米面中加少量清水，搅匀后放入煮熟的红薯汤中，待粥煮沸即可。

宝宝最爱的营养

红薯和玉米面都含有丰富的膳食纤维，可以促进胃肠蠕动，有效缓解产后便秘。

红薯菜花糊

清宿便

材料

大米20克，红薯10克，胡萝卜、菜花各5克，葡萄干3克。

做法

1. 大米洗净，浸泡30分钟；红薯洗净，蒸熟，去皮捣碎；菜花用开水烫一下，去茎部，捣碎；葡萄干浸泡10分钟。
2. 将大米和适量清水放入锅中，大火煮开，放入红薯碎、菜花碎和葡萄干碎，再调小火煮软烂即可。

宝宝最爱的营养

红薯富含膳食纤维，能促进肠胃蠕动；胡萝卜、菜花富含多种维生素，几者搭配食用能清除肠道宿便。

让宝宝不腹泻

腹泻是宝宝常见的一种疾病。轻度的腹泻是指宝宝每天大便不超过10次，呈黄绿色，薄糊状，有少量黏液，酸臭味。重度腹泻的宝宝大便次数每天超过10次，水样便，有黏液，同时还伴有呕吐、发热、面色发灰、哭声低弱、精神不振的症状，还有明显的脱水症状，如前囟和眼窝凹陷等。无论轻重，应及时带宝宝就医。

补充充足的水分

腹泻时最需要注意的就是脱水症状。如果宝宝持续腹泻，会让体内失去过多的水样便，如果一天10 次以上拉水样便，便会引起脱水症状。这时，要让宝宝适量多喝水，补充身体丢失的水分，多喂宝宝大麦茶或稀糊状的食物来防止脱水。

补充富含B族维生素和维生素C的食物

新妈妈给宝宝做辅食时，要有意识地增加富含B族维生素和维生素C的辅食，可以给宝宝补充维生素，提高身体免疫力，同时这些食物也具有预防和缓解腹泻的作用。

吃些流质辅食

1岁以下的宝宝消化器官尚未发育成熟，消化能力较为虚弱，稍有不慎，如宝宝对辅食添加不适应，或一次吃得太多，或吃了不容易消化的食物，都可能引发腹泻。但宝宝的肠道仍然可以消化流质食物，所以妈妈可以喂食一些水、米汤、果汁等，但要保证宝宝摄入食物的总能量不低于宝宝日需求量的70%。

腹泻恢复期也要坚持低渣饮食

一些妈妈认为，当宝宝腹泻完全停止后就不用继续控制饮食，其实，此时的饮食也应该遵循细、软、烂、少渣、易消化的原则，而且要少食多餐。此时，肠道发酵作用很强，可吃些淀粉类食物，如土豆、山药等。

防治腹泻食材聪明选

山药：有收敛作用，可以有效缓解宝宝腹泻症状。

苹果：带皮苹果有很好的收敛作用，对缓解宝宝腹泻很有用。

藕粉：宝宝易吸收，能补充宝宝营养，防止宝宝体液流失过多。

葡萄：补充宝宝流失的营养和水分，很适合宝宝腹泻期间食用。

红枣苹果汁

温补胃肠

材料

苹果100克，红枣20克。

做法

1. 苹果洗净，去皮和子，切丁；红枣洗净，去核，切碎。
2. 将苹果丁和红枣碎放入果汁机中，加入适量饮用水搅打成汁即可。

宝宝最爱的营养

红枣有温补作用，对宝宝肠胃有利，且可以补充能量、维生素以及矿物质；苹果有收敛的作用，可以减轻宝宝腹泻的症状。

藕粉桂花糕

防治体液过多流失

材料

藕粉50克，面粉60克，桂花10克，酵母适量。

做法

1. 将酵母和适量温水一起搅拌均匀。
2. 加入桂花和藕粉，调匀。
3. 倒入面粉，调成面糊，倒入容器中，用保鲜膜盖好，发酵好后，蒸30分钟即可。

宝宝最爱的营养

面粉富含丰富的碳水化合物，可以为宝宝健康成长提供足够的营养，藕粉容易被宝宝消化吸收，既能补充成长所需营养，还能防止宝宝体液的过多流失。

炒米煮粥

止泻、促进消化

材料

生大米或生糯米50克。

做法

把大米或生糯米放到铁锅里用小火炒至米粒稍微焦黄，然后用这种焦黄的米煮粥。

宝宝最爱的营养

此粥有止泻的作用，还可促进消化，宝宝喝煮粥时的米汤就可以了。

圆白菜葡萄汁

补充水分

材料

葡萄50克，圆白菜100克。

做法

1. 葡萄洗净，去皮；圆白菜切小片。
2. 将葡萄和圆白菜片放入榨汁机中榨汁，去渣取汁即可。

宝宝最爱的营养

圆白菜和葡萄都含有大量的水分，可以补充宝宝腹泻引起的水分流失，且营养丰富，可以帮助宝宝尽快恢复体力。

让宝宝不过胖

宝宝肥胖通常都与饮食习惯有关，爱吃甜食和油腻的食物，暴饮暴食，常吃零食，而不爱吃维生素食物。肥胖会影响宝宝身体和智力发育，应该及时控制体重。与成人相比，妈妈更能成功地给宝宝提供健康饮食，配合合适的锻炼，很容易将宝宝体重控制在健康范围之内。

减少碳水化合物的摄入

应减少容易消化吸收的碳水化合物（如蔗糖）的摄入，少吃糖果、甜糕点、饼干等甜食，还要尽量少食面包和炸土豆，少吃脂肪性食品，特别是肥肉。不过，可以给宝宝安排几餐量少且不含糖和淀粉的零食，这样的食物可以减轻宝宝的体重，还有助于保持宝宝的血糖，同时还能预防过量生成胰岛素，控制宝宝对碳水化合物的需求。

这些营养素有利于预防肥胖

营养素	主要作用	食物来源
B族维生素	B族维生素中的B_1、B_2、B_6和B_{12}能够促进脂肪、蛋白质、糖类的代谢，具有燃烧脂肪、避免脂肪囤积的功效	番茄、橘子、香蕉、葡萄、梨、核桃、栗子
钙	能抑制食欲，进入到肠内可以阻碍脂质的吸收	奶酪、鸡蛋黄、豆制品、海带、紫菜、虾皮、芝麻、山楂、海鱼
锌	可促进胰岛素分泌，提高瘦素分泌，有助于瘦体质和维持身体脂肪的稳定或降低	豆腐皮、黄豆、银耳、白菜

多吃饱腹感强的食物

富含膳食纤维的粗粮和蔬菜，如豆类及其制品、燕麦、荞麦、高粱米、芹菜、苹果等，可以增加饱腹感，让宝宝减少进食量，并且不容易饥饿，还能促进胃肠蠕动、帮助排便。

预防肥胖食材聪明选

香蕉：含有果胶，有较好的通便效果，能防治便秘，帮助彻底清理体内的宿便。

玉米：含有大量的膳食纤维，能刺激肠道蠕动，加速宝宝身体内粪便的排泄，从而起到减肥瘦身的作用。

红薯：富含膳食纤维，而且其所含的葡糖苷成分有着和膳食纤维同样的功效，能给肠的活动以强力的刺激，引起蠕动，促进排便，帮助肠道排毒。

冬瓜：所含的丙醇二酸能有效地抑制糖类转化为脂肪，而且冬瓜本身所含的脂肪量可以忽略不计，热量很低，是瘦身佳品。

香蕉新做法

将香蕉去皮，切成小块，放入豆浆机中，加入适量温开水，按下“米糊”键，煮至米糊提示做好即可，也能起到清除体内宿便的作用。

香蕉西米羹 清除宝宝体内宿便

材料

香蕉20克，西米50克。

做法

1. 西米淘洗干净，用清水浸泡4小时；香蕉去皮，切丁。
2. 锅置火上，倒入适量清水煮沸，下入西米，用小火煮至无白心，加入香蕉丁搅匀即可。

宝宝最爱的营养

香蕉具有润肠通便的作用，可以帮助宝宝清除体内的宿便，预防肥胖的出现。

玉米面发糕
刺激肠道蠕动

材料

面粉35克，玉米面15克，红枣3颗，酵母适量。

做法

1. 酵母用35℃的温水溶化调匀。
2. 面粉和玉米面倒入盆中，慢慢地加酵母水和适量清水搅拌成面糊。
3. 面糊饧发30分钟，将红枣散放在面糊上。
4. 送入烧沸的蒸锅蒸15~20分钟，取出，切块食用。

宝宝最爱的营养

玉米含有丰富的膳食纤维，能促进肠胃蠕动，加速肠道废物排出，预防宝宝便秘。

鸡蓉冬瓜羹
减肥瘦身

材料

鸡胸肉50克，冬瓜120克，蛋黄1个，葱花适量。

做法

1. 鸡胸肉洗净，剁成肉蓉，加入蛋黄，搅拌均匀；冬瓜去皮除子，洗净，切丁。
2. 锅置火上，倒入适量油烧热，放入葱花炒香。
3. 倒入冬瓜丁炒匀，加入适量水，烧至冬瓜熟透，淋入鸡蓉搅匀即可。

宝宝最爱的营养

冬瓜本身所含脂肪量非常低，热量低，是预防宝宝肥胖的佳品。

玉米绿豆糊 通便

材料

绿豆粉、玉米粉各50克。

做法

1. 将绿豆粉、玉米粉加适量水调匀。
2. 锅内放入适量清水，置于火上，烧沸水，倒入绿豆粉、玉米粉，不断搅拌。
3. 烧沸后，改用小火煮至熟，出锅即可。

宝宝最爱的营养

玉米富含膳食纤维，有利于肠道内粪便的排出；绿豆中含有丰富的纤维素，能有效缓解便秘，及时排空肠道内的宿便，从而起到减少脂肪堆积的作用。

附录：0~1岁宝宝体检全攻略

随着宝宝一天天长大，父母会担心宝宝的发育是否正常，担心宝宝的身体是否健康等。但宝宝还不会说话，也不能清晰地表达自己的感受，且有些疾病或者发育异常也并不能通过肉眼观察出来，这时，定期给宝宝做体检就显得尤为重要了。

第一次体检（出生后第42天）

	正常标准
必须检查项目	身高：男宝宝58.50厘米；女宝宝57.10厘米
	体重：男宝宝5.62千克；女宝宝5.12千克
	头围：男宝宝38.60厘米；女宝宝38.00厘米
	动作发育：小胳膊、小腿总是呈弯曲状态，两只小手握着拳
	视力：能随着手电筒光束转头，能注视较大的物体
	生殖器官：男宝宝的睾丸降入阴囊
可能会检查的项目	验血：可测血型，是否贫血 微量元素：粗略检测宝宝的微量元素，如铁、锌、钙的含量是否合适

第二次体检（出生后第4个月）

	正常标准
必须检查项目	身高：男宝宝64.50厘米；女宝宝63.10厘米
	体重：男宝宝7.36千克；女宝宝6.78千克
	头围：男宝宝42.00厘米；女宝宝40.90厘米
	听力：会留神倾听，对人们的谈话特别感兴趣
	视力：头可以随着声音的方向转动，双眼追随运动的物体
	动作发育：竖抱能支撑住自己的头部；俯卧时，能把头抬起，并和肩胛成90度，扶立时两腿能支撑身体
	口腔：宝宝唾液腺正在发育，经常有口水流出嘴外
可能会检查的项目	验血：是否贫血

第三次体检（出生后第6个月）

	正常标准
必须检查项目	身高：男宝宝68.60厘米；女宝宝67.00厘米
	体重：男宝宝8.39千克；女宝宝7.78千克
	头围：男宝宝43.90厘米；女宝宝42.80厘米
	听力：能根据声音寻找发生源
	视力：能追随手电筒光束转头，能注视较大的物体
	动作发育：会翻身，已经会坐，但还坐不太稳；会伸手拿自己想要的东西，并塞入自己口中
	牙齿：有些宝宝已经长出2颗牙
可能会检查的项目	骨骼：是否方颅、肋骨外翻，这些都是缺钙的表现

第四次体检（出生后第9个月）

	正常标准
必须检查项目	身高：男宝宝72.60厘米；女宝宝71.10厘米
	体重：男宝宝9.22千克；女宝宝8.58千克
	头围：男宝宝45.30厘米；女宝宝44.00厘米
	听力：视力约0.1，能注视单一线条
	动作发育：能坐稳，能自己躺下坐起，能够前后爬，扶杆能站；会双手敲积木；拇指和食指能协调地拿起小东西
	牙齿：已经长了2~4颗牙
可能会检查的项目	微量元素：通过采血化验，评价微量元素（钙、铁）等含量是否正常

第五次体检（出生后第12个月）

	正常标准
必须检查项目	身高：男宝宝76.50厘米；女宝宝75.10厘米
	体重：男宝宝9.87千克；女宝宝9.24千克
	头围：男宝宝46.30厘米；女宝宝45.20厘米
	听力：喊他时能转身或抬头
	视力：可注视近处的物体，能指鼻、口等五官
	动作发育：能自己站起来，能扶着东西行走，能手足并用爬台阶，能用蜡笔在纸上戳出点和画线
	牙齿：应该长出6~8颗牙齿
可能会检查的项目	血铅检查：评价是否铅超标； 国际血铅诊断标准≥100毫升/升为铅中毒

图书在版编目（CIP）数据

宝宝原味辅食大全 / 史文丽主编 . -- 南京 : 江苏凤凰科学技术出版社 , 2017.1

ISBN 978-7-5537-7801-3

Ⅰ . ①宝… Ⅱ . ①史… Ⅲ . ①婴幼儿 – 食谱 Ⅳ . ① TS972.162

中国版本图书馆 CIP 数据核字（2016）第 306783 号

宝宝原味辅食大全

主　　编　史文丽
责任编辑　谷建亚　周　骋
助理编辑　沙玲玲
责任校对　郝慧华
责任监制　曹叶平　周雅婷

出版发行　凤凰出版传媒股份有限公司
　　　　　江苏凤凰科学技术出版社
出版社地址　南京市湖南路 1 号 A 楼，邮编：210009
出版社网址　http://www.pspress.cn
经　　销　凤凰出版传媒股份有限公司
印　　刷　江苏凤凰扬州鑫华印刷有限公司

开　　本　718mm×1 000mm 1/16
印　　张　16.5
字　　数　300 千字
版　　次　2017 年 1 月第 1 版
印　　次　2017 年 1 月第 1 次印刷

标准书号　ISBN 978-7-5537-7801-3
定　　价　39.90 元